複素数のつくりかた

―代数の考え方で演算を組み立てる―

海老原 円 著

Ohmsha

まえがき
～ないのなら つくってしまえ 複素数

2021年4月に出版した拙著『じっくり味わう代数学』(オーム社)の108ページに,「$i^2 = -1$となる数iを考え……」というくだりがあります.その部分に次のような注釈を付けました.

「このような数を考えてよいのか?」ということを抽象的な代数学を用いて論ずる,というテーマも面白いのですが,それは別の機会に譲りましょう.……そんな機会があるかどうか,わかりませんが……

「そんな機会」が存外早く,本書という形になって実現しました.オーム社の方々のご厚情に,心より感謝申し上げます.

複素数は非常に役に立つもので,数学だけでなく,物理学や工学でも不可欠な概念です.ただ,「2乗したら-1になる数を考える」という,一見,非現実的に思われる設定を前にして,なんとなくもやもやした感じを抱いている方も多いのではないかと思います.

そんな「もやもや感」を少しでも減らすべく,「複素数のつくりかた」を書いてみました.前半部分で複素数に関する基本的なことがらを解説したのち,Chapter 4からChapter 5にかけて,代数学の手法を使って,複素数の世界を「つくって」いきます.

初歩的なことから丁寧に説明したつもりですので,是非楽しんで読んでください!

2021年11月

海老原　円

本書の読み方

本書は，虚数・複素数をやさしく学べる入門書です．「複素数が本当にあるのか？」をテーマに据えて，複素数のはたらき（機能）をもつ数の体系をつくって示します．各節（テーマ）を4つのステップで順を追って解説していますので，数学に苦手意識のある方でも気軽に楽しく読み進めることができます．

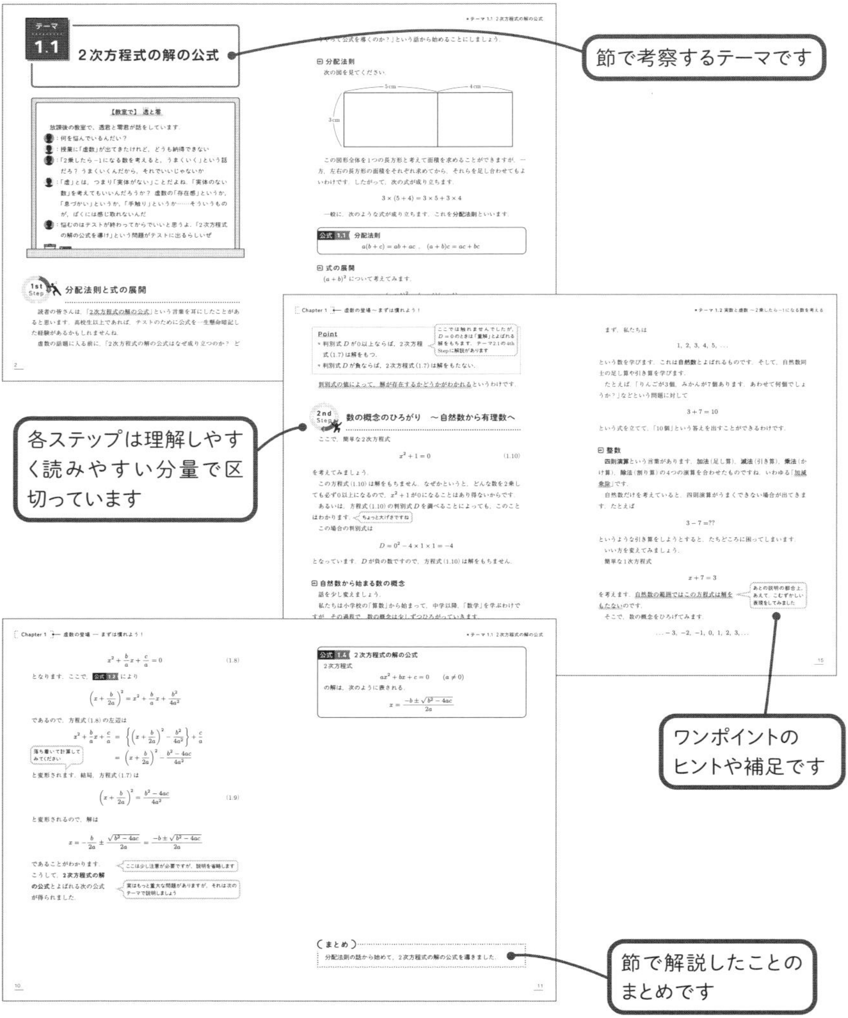

会話（「教室にて」）について

本書では，各節の冒頭に「教室にて」と題した，架空の高校生２人の会話を挿入した構成となっています．解説するテーマの詳解や，考察する上でのヒントを散りばめていますので，こちらも合わせて読み進めていただくと，より楽しく理解しやすいでしょう．

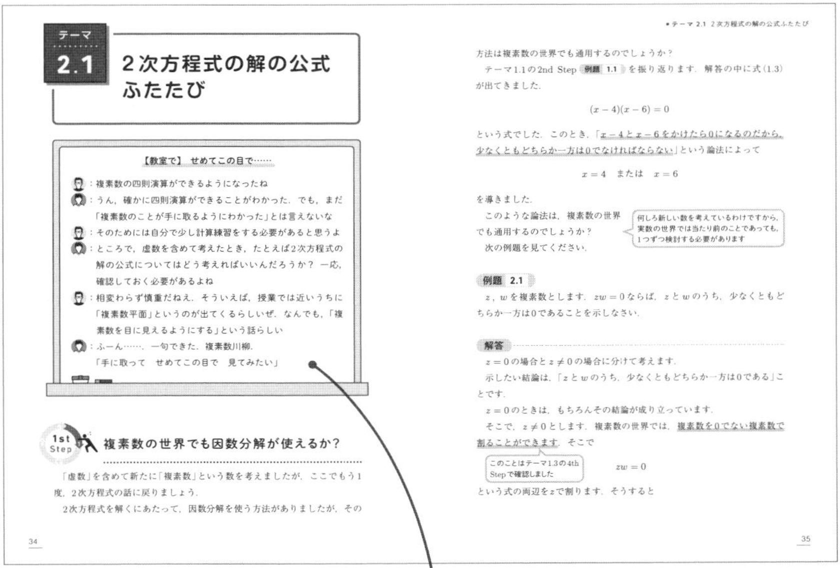

テーマ 2.1

2次方程式の解の公式ふたたび

【教室で】 せめてこの目で……

：複素数の四則演算ができるようになったね

：うん，確かに四則演算ができることがわかった．でも，まだ「複素数のことが手に取るようにわかった」とは言えないな

：そのためには自分で少し計算練習をする必要があると思うよ

：ところで，虚数を含めて考えたとき，たとえば2次方程式の解の公式についてはどう考えればいいんだろうか？ 一応，確認しておく必要があるよね

：相変わらず慎重だねえ．そういえば，授業では近いうちに「複素数平面」というのが出てくるらしいぜ．なんでも，「複素数を目に見えるようにする」という話らしい

：ふーん……．一句できた．複素数川柳．
「手に取って　せめてこの目で　見てみたい」

1st Step 複素数の世界でも因数分解が使えるか？

「虚数」を含めて新たに「複素数」という数を考えましたが，ここでもう1度，2次方程式の話に戻りましょう．

2次方程式を解くにあたって，因数分解を使う方法がありましたが，その

34

●テーマ 2.1 2次方程式の解の公式ふたたび

方法は複素数の世界でも通用するのでしょうか？

テーマ1.1の2nd Step 例題 1.1 を振り返ります．解答の中に式(1.3)が出てきました．

$$(x-4)(x-6)=0$$

という式でした．このとき，「$x-4$と$x-6$をかけたら0になるのだから，少なくともどちらか一方は0でなければならない」という論法によって

$$x=4 \quad \text{または} \quad x=6$$

を導きました．

このような論法は，複素数の世界でも通用するのでしょうか？

何しろ新しい数を考えているわけですから，実数の世界では当たり前のことであっても，1つずつ検討する必要があります

次の例題を見てください．

例題 2.1

z，wを複素数とします．$zw=0$ならば，zとwのうち，少なくともどちらか一方は0であることを示しなさい．

解答

$z=0$の場合と$z\neq 0$の場合に分けて考えます．

示したい結論は，「zとwのうち，少なくともどちらか一方は0である」ことです．

$z=0$のときは，もちろんその結論が成り立っています．

そこで，$z\neq 0$とします．複素数の世界では，複素数を0でない複素数で割ることができます．そこで

このことはテーマ1.3の4th Stepで確認しました

$$zw=0$$

という式の両辺をzで割ります．そうすると

35

【登場人物】

透：高校２年生．活発な性格であまり細かいことは気にしない．零と仲が良く，休み時間や放課後は一緒に行動することが多い．

零：高校２年生．繊細な性格で日頃からさまざまなことを深く考えるタイプ．得意科目は数学．透は友人でありよき相談相手．

Contents

Chapter 1 虚数の登場 ～まずは慣れよう！ 1

テーマ1.1 2次方程式の解の公式 2
1st Step 分配法則と式の展開 2
2nd Step 因数分解と2次方程式 5
3rd Step 平方完成 7
4th Step 2次方程式の解の公式 9

テーマ1.2 実数と虚数 ～2乗したら－1になる数を考える 12
1st Step 判別式 12
2nd Step 数の概念のひろがり ～自然数から有理数へ 14
3rd Step 数の概念のひろがり ～実数 17
4th Step そして複素数 18

テーマ1.3 複素数の計算 21
1st Step 四則演算の性質 21
2nd Step 複素数の加法と乗法 23
3rd Step 複素数の減法，および「等しい」ことの判定 25
4th Step 複素数の除法 28

Chapter 2 もっと知りたい複素数

Chapter 2 もっと知りたい複素数 …… 33

テーマ2.1 2次方程式の解の公式ふたたび …… 34

1st Step 複素数の世界でも因数分解が使えるか？ …… 34

2nd Step $x^2=-1$の解を全部求めよう！ …… 36

3rd Step 負の数の平方根 …… 38

4th Step 実数解と虚数解 ～判別式による判定 …… 41

テーマ2.2 サイン・コサイン ～三角比と三角関数 …… 43

1st Step 三角比 …… 43

2nd Step 具体例をいくつか …… 45

3rd Step 一般角と弧度法 …… 48

4th Step 三角関数 …… 51

テーマ2.3 複素数平面 ～複素数を幾何学的にとらえる …… 56

1st Step 複素数平面 …… 56

2nd Step 極形式表示 …… 59

3rd Step 三角関数の加法定理 …… 63

4th Step 複素数の積の幾何学的解釈 …… 65

Chapter 3

複素数は役に立つ ～「存在」の「状況証拠」

複素数は役に立つ ～「存在」の「状況証拠」 …… 71

テーマ3.1 複素数のべき乗とべき根 …… 72

1st Step べき乗の計算 …… 72

2nd Step 1の2乗根と3乗根 …… 73

3rd Step 1のn乗根 …… 75

4th Step 一般の複素数のn乗根 …… 80

テーマ3.2 数列と複素数 …… 86

1st Step フィボナッチ数列 …… 86

2nd Step 2次方程式の解と係数の関係 …… 89

3rd Step 3項間の漸化式を満たす数列の一般項 …… 91

4th Step 虚数を用いて実数列の一般項を表す …… 94

テーマ3.3 3次方程式の解の公式と複素数 …… 98

1st Step 3次方程式の形を簡単にする …… 98

2nd Step カルダーノの方法 …… 101

3rd Step $x^3-3x-4=0$を解く …… 104

4th Step $x^3-3x=0$を解く …… 108

Chapter 4 複素数のつくりかた：予告篇 ～目指すべき新世界 113

テーマ4.1 「i」と「$-i$」のパラレルワールド 114
1st Step もしもiが$-i$だったら？ 114
2nd Step 四則演算の検証実験 117
3rd Step 例題 3.2 と 例題 3.4 の再検討 ～実数の世界へのフィードバック 120
4th Step 新世界に何を求めるのか？ 123

テーマ4.2 多項式とその演算 126
1st Step 多項式の定義 127
2nd Step 多項式の足し算・引き算 130
3rd Step 多項式のかけ算 131
4th Step 多項式の世界 133

テーマ4.3 多項式の計算と複素数の計算の奇妙な符合 139
1st Step 割って余りを出す ～整数バージョン 139
2nd Step 割って余りを出す ～多項式バージョン 141
3rd Step 複素数の世界と「多項式の余り」の世界 142
4th Step メカニズムを調べる 145

Chapter 5 複素数のつくりかた：完結篇 ～合同式をテコにして …… 151

テーマ5.1 「5＝0」となる世界のつくりかた …… 152
1st Step 合同式 …… 152
2nd Step 等式の性質……のようなもの …… 154
3rd Step 剰余類 …… 157
4th Step $\mathbb{Z}/5\mathbb{Z}$ という新世界 …… 159

テーマ5.2 「$X^2+1=0$」となる世界のつくりかた ～複素数体の誕生 …… 165
1st Step 多項式の合同関係 …… 165
2nd Step X^2+1 を法とする剰余類 …… 168
3rd Step $\mathbb{R}[X]/(X^2+1)$ に演算を定める …… 170
4th Step 複素数体の誕生 …… 174

テーマ5.3 複素共役と対称性 …… 180
1st Step 複素共役 …… 181
2nd Step 複素数の世界から実数を見る …… 184
3rd Step 実数係数多項式に z と $\bar{z}$ を代入する …… 186
4th Step 実数係数多項式の虚数解に関する定理 …… 189

Column
オイラーの公式と微分 …… 85
電気回路と複素数 …… 97
複素数は数の拡大戦略の到達点 ～代数学の基本定理 …… 111
対称性とガロア理論 …… 193

Index …… 194

Chapter

1

虚数の登場
～まずは慣れよう!

正の数も負の数も，そして0も，2乗したら0以上の数になります．ところが，2乗したときに負の数になるような数を仮想的に考えると，不思議にいろいろなことがうまくいきます．Chapter 1では，「虚数」の登場前夜から話を始め，その概念や計算について紹介していきます．読者の皆さんには，まずは虚数の計算に慣れていただきましょう．

テーマ 1.1

2次方程式の解の公式

【教室で】 透《とおる》と零《れい》

放課後の教室で、透君と零君が話をしています．

：何を悩んでいるんだい？

：授業に「虚数」が出てきたけれど，どうも納得できない

：「2乗したら -1 になる数を考えると，うまくいく」という話だろ？ うまくいくんだから，それでいいじゃないか

：「虚」とは，つまり「実体がない」ことだよね．「実体のない数」を考えてもいいんだろうか？ 虚数の「存在感」というか，「息づかい」というか，「手触り」というか……そういうものが，ぼくには感じ取れないんだ

：悩むのはテストが終わってからでいいと思うよ．「2次方程式の解の公式を導け」という問題がテストに出るらしいぜ

1st Step 分配法則と式の展開

読者の皆さんは，「2次方程式の解の公式」という言葉を耳にしたことがあると思います．高校生以上であれば，テストのために公式を一生懸命暗記した経験があるかもしれませんね．

虚数の話題に入る前に，「2次方程式の解の公式はなぜ成り立つのか？ ど

うやって公式を導くのか？」という話から始めることにしましょう．

分配法則

次の図を見てください．

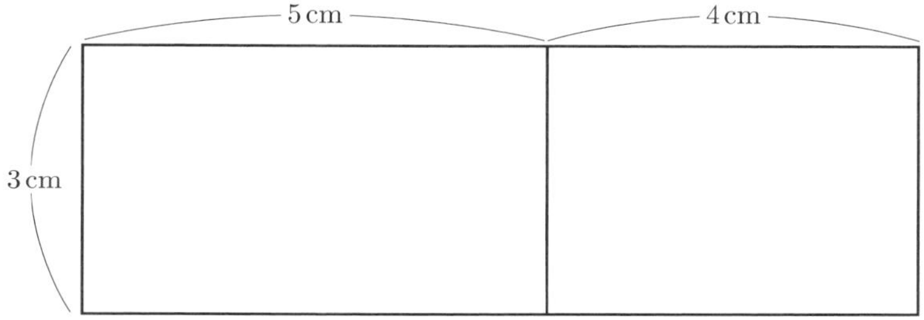

この図形全体を1つの長方形と考えて面積を求めることができますが，一方，左右の長方形の面積をそれぞれ求めてから，それらを足し合わせてもよいわけです．したがって，次の式が成り立ちます．

$$3 \times (5+4) = 3 \times 5 + 3 \times 4$$

一般に，次のような式が成り立ちます．これを**分配法則**といいます．

公式 1.1　分配法則

$$a(b+c) = ab + ac \ , \quad (a+b)c = ac + bc$$

式の展開

$(a+b)^2$ について考えてみます．

$$(a+b)^2 = (a+b)(a+b)$$

ですね．つまり，2つの「$a+b$」をかけ合わせたものですが，説明の都合上，右のほうの「$a+b$」をいったん「c」とおきます．すると，分配法則によって

$$(a+b)^2 = (a+b)c = ac + bc = a(a+b) + b(a+b)$$

という式が得られます．さらに分配法則により

$$a(a+b)=a^2+ab, \quad b(a+b)=ab+b^2$$

であることに注意すると

$$(a+b)^2=(a^2+ab)+(ab+b^2)=a^2+2ab+b^2$$

が成り立つことがわかります．

カッコがはずされ，項がばらばらになりました．このような式の変形を「**式の展開**」とよびます．

ここでわかったことを公式としてまとめておきましょう．

公式 1.2

$$(a+b)^2=a^2+2ab+b^2$$

公式 1.2 を使えば，たとえば13の2乗は

$$\begin{aligned}13^2&=(10+3)(10+3)=10^2+2\times 10\times 3+3^2\\&=100+60+9=169\end{aligned}$$

というふうに計算できます．

同じように考えると，次の式が成り立つこともわかります．

読者の皆さんは自分で確認してください

公式 1.3

$$(x-a)(x-b)=x^2-(a+b)x+ab$$

たとえば，$a=4$，$b=6$ とすれば

$$(x-4)(x-6)=x^2-10x+24$$

が得られます．また，$a=-4$，$b=-6$ とすれば

$$(x+4)(x+6)=x^2+10x+24$$

が成り立つことがわかります.

2nd Step 因数分解と2次方程式

式の展開とは反対に，たとえば

$$x^2 - 10x + 24$$

という式を見て，これが

$$(x-4)(x-6)$$

と等しいことを見抜くことも時には必要です.

そのために

$$a + b = 10, \quad ab = 24$$

となる a，b を探します．$a = 4$，$b = 6$ とすれば，確かに

$$a + b = 4 + 6 = 10, \quad ab = 4 \times 6 = 24$$

が成り立ちますね．そうすると，**公式 1.3** によって

$$x^2 - 10x + 24 = (x-4)(x-6) \tag{1.1}$$

が成り立つことがわかります.

このような式変形を**因数分解**とよびます.

ここで，次の例題を解いてみましょう.

例題 1.1

周の長さが20cm，面積が24cm^{2}の長方形の縦と横の長さを求めなさい．ただし，横の長さのほうが縦の長さより長いとします.

解答

長方形の縦の長さを x cm とします．長方形の周の長さは

$$\{(\text{縦の長さ}) + (\text{横の長さ})\} \times 2$$

によって求められます．

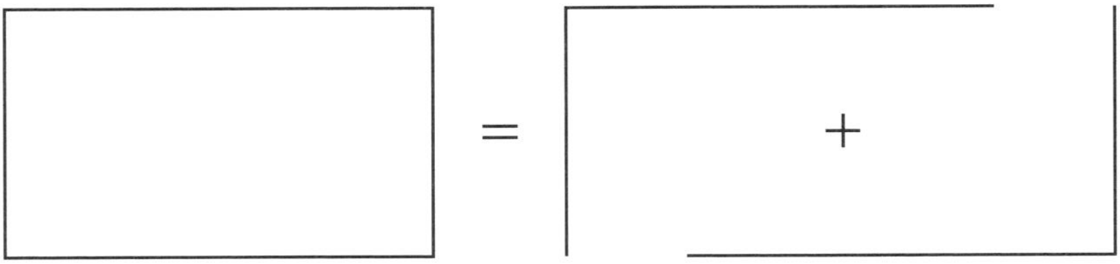

周の長さ　　{(縦の長さ)＋(横の長さ)} の２倍

いま，周の長さが 20 cm ですから，縦の長さと横の長さの和は，その半分の 10 cm です．したがって，横の長さは

$$(10 - x)\,\text{cm}$$

です．長方形の面積は

$$(\text{縦の長さ}) \times (\text{横の長さ})$$

であって，それが $24\,\text{cm}^2$ であることから

$$x(10 - x) = 24$$

という式が立てられます．分配法則などを使ってこの式を変形すると

$$x^2 - 10x + 24 = 0 \tag{1.2}$$

となります．　くわしい説明は省略します

このような式を **2次方程式**といい，この式を満たす x をこの方程式の**解**とよびます．そして，解を求めることを「2次方程式を解く」といいます．

さて，ここで因数分解を用いると，2次方程式 (1.2) は

$$(x-4)(x-6)=0 \tag{1.3}$$

と変形されます．

式 (1.1) を参照してください

このとき，式 (1.3) によれば，「$x-4$」と「$x-6$」をかけたら0になるのですから，少なくともどちらか一方は0でなければなりません．

したがって

$$x-4=0 \quad \text{または} \quad x-6=0$$

が成り立ちます．つまり

$$x=4 \quad \text{または} \quad x=6$$

となります．

長方形の横の長さは $(10-x)$ cm ですから，縦の長さが4 cmのとき，横の長さは6 cmです．縦の長さが6 cmならば，横の長さは4 cmです．

いま，この例題では，「横の長さのほうが縦の長さより長い」という条件が付いています．したがって

縦の長さは 4 cm，　横の長さは 6 cm

という結論が得られます．

このように，因数分解を用いることによって2次方程式が解けることがあります．

3rd Step 平方完成

ところで，すべての2次方程式が因数分解を用いて解けるとは限りません．ここではもう少し一般的な解法を紹介します．

まず，2次方程式

$$x^2=3 \tag{1.4}$$

を考えましょう．この方程式の解の1つは

$$x = 1.7320508\ldots$$

であることが知られています．この数を

$$\sqrt{3}$$

と表し，「**ルート3**」とよびます．

2次方程式(1.4)にはもう1つ解があります．

$$x = -\sqrt{3}$$

もこの方程式の解です．

一般に $(-a)^2 = a^2$ ですから，$\left(-\sqrt{3}\right)^2 = \left(\sqrt{3}\right)^2 = 3$ です

一般に，a を0以上の数とするとき，$x^2 = a$ を満たす x を a の**平方根**とよびます．a の平方根のうち，0以上のものを

$$\sqrt{a}$$

という記号で表します．方程式

$$x^2 = a$$

の解は

$$x = \pm\sqrt{a}$$

です．

今度は，次のような方程式を考えてみましょう．

$$(x-5)^2 = 3 \tag{1.5}$$

このとき，$x - 5 = \pm\sqrt{3}$ ですから，方程式(1.5)の解は

$$x = 5 \pm \sqrt{3}$$

です．

それでは，次の2次方程式はどうでしょうか．

$$x^2 - 10x + 22 = 0 \qquad (1.6)$$

公式 1.2 によれば

$$(x-5)^2 = x^2 - 10x + 25$$

という式が成り立ちますが，
この式を変形すれば

> **公式 1.3** において $a = b = 5$ としてもかまいません

$$x^2 - 10x = (x-5)^2 - 25$$

が得られます．したがって，方程式 (1.6) の左辺は

$$x^2 - 10x + 22 = \{(x-5)^2 - 25\} + 22 = (x-5)^2 - 3$$

と変形できます．このように考えると，方程式 (1.6) は

$$(x-5)^2 - 3 = 0$$

と変形され，さらに

$$(x-5)^2 = 3$$

と変形できることがわかります．これはまさしく方程式 (1.5) ですね．

方程式 (1.6) のような形から方程式 (1.5) のような形に変形することを**平方完成**とよびます．

4th Step　2次方程式の解の公式

平方完成を用いて，2次方程式

$$ax^2 + bx + c = 0 \qquad (a \neq 0) \qquad (1.7)$$

を解いてみましょう．まず，この式の両辺を a で割ると

$$x^2+\frac{b}{a}x+\frac{c}{a}=0 \tag{1.8}$$

となります．ここで，公式 1.2 により

$$\left(x+\frac{b}{2a}\right)^2=x^2+\frac{b}{a}x+\frac{b^2}{4a^2}$$

であるので，方程式 (1.8) の左辺は

$$\begin{aligned} x^2+\frac{b}{a}x+\frac{c}{a} &= \left\{\left(x+\frac{b}{2a}\right)^2-\frac{b^2}{4a^2}\right\}+\frac{c}{a} \\ &= \left(x+\frac{b}{2a}\right)^2-\frac{b^2-4ac}{4a^2} \end{aligned}$$

落ち着いて計算してみてください

と変形されます．結局，方程式 (1.7) は

$$\left(x+\frac{b}{2a}\right)^2=\frac{b^2-4ac}{4a^2} \tag{1.9}$$

と変形されるので，解は

$$x=-\frac{b}{2a}\pm\frac{\sqrt{b^2-4ac}}{2a}=\frac{-b\pm\sqrt{b^2-4ac}}{2a}$$

であることがわかります．

ここは少し注意が必要ですが，説明を省略します

こうして，**2次方程式の解の公式**とよばれる次の公式が得られました．

実はもっと重大な問題がありますが，それは次のテーマで説明しましょう

公式 1.4　2次方程式の解の公式

2次方程式

$$ax^2 + bx + c = 0 \qquad (a \neq 0)$$

の解は，次のように表される．

$$x = \frac{-b \pm \sqrt{b^2 - 4ac}}{2a}$$

まとめ

分配法則の話から始めて，2次方程式の解の公式を導きました．

テーマ 1.2

実数と虚数 ～2乗したら－1になる数を考える

【教室で】 解の公式を振り返って

透君と零君は前回のテストについて話をしています．零君は何か気になるところがあるようです．

：この前のテスト，どうだった？

：平方完成を利用して2次方程式の解の公式を導くところはうまくできた．……ただ，途中の論理が少し粗雑な気がする

：公式が導けたのなら，それでいいじゃないか

：$\sqrt{b^2-4ac}$ という部分がどうしても引っかかるんだ……

1st Step 判別式

テーマ1.1を復習してみましょう．

2次方程式(1.7)

$$ax^2+bx+c=0 \qquad (a\neq 0)$$

に対する解の公式（**公式 1.4**）を導きましたが，その際，カギとなるのは，途中に出てくる式(1.9)

$$\left(x+\frac{b}{2a}\right)^2=\frac{b^2-4ac}{4a^2}$$

です．この式 (1.9) の右辺の分数の分母と分子を見てみましょう．

まず分母については，a が正でも負でも分母の $4a^2$ は正の数です．

a が負だとしても，負の数と負の数をかけると正の数になりますよね

次に分子を見ます．もし $b^2 - 4ac < 0$ ならば，どういうことが起きるでしょうか？

たとえば，$a = 1$，$b = 2$，$c = 2$ とすると

$$b^2 - 4ac = -4 < 0, \quad \frac{b}{2a} = 1, \quad \frac{b^2 - 4ac}{4a^2} = -1$$

です．したがって，この場合，式 (1.9) は

$$(x + 1)^2 = -1$$

となります．ところが，この式を満たすような x は存在しません．

なぜでしょうか？

- もし $x + 1 > 0$ ならば，$(x + 1)^2 > 0$ ですので，これはけっして -1 にはなりません．
- $x + 1 = 0$ ならば，$(x + 1)^2 = 0$ です．
- $x + 1 < 0$ ならば，$(x + 1)^2 > 0$ です．

くどいようですが，負の数と負の数をかけると正の数になります

要するに，$(x + 1)^2$ は，いつでも 0 以上なのです．2乗したときに負の数になるような数は存在しないのです．

一般に，$b^2 - 4ac < 0$ の場合は，2次方程式 (1.7) は解をもちません．

$b^2 - 4ac$ という数がとても大事だということがわかっていただけたと思います．この数「$b^2 - 4ac$」を2次方程式 (1.7) の**判別式**とよび，ここでは D という記号で表します．

判別式は英語で「discriminant」といいます．その頭文字をとって「D」と表すことが多いのです

$$D = b^2 - 4ac$$

結局，次のことがわかります．

Point

- 判別式 D が0以上ならば，2次方程式(1.7)は解をもつ．
- 判別式 D が負ならば，2次方程式(1.7)は解をもたない．

ここでは触れませんでしたが，$D=0$ のときは「重解」とよばれる解をもちます．テーマ2.1の4th Stepに解説があります

判別式の値によって，解が存在するかどうかがわかれるというわけです．

2nd Step 数の概念のひろがり ～自然数から有理数へ

ここで，簡単な2次方程式

$$x^2+1=0 \tag{1.10}$$

を考えてみましょう．

この方程式(1.10)は解をもちません．なぜかというと，どんな数を2乗しても必ず0以上になるので，x^2+1 が0になることはあり得ないからです．

あるいは，方程式(1.10)の判別式 D を調べることによっても，このことはわかります．

ちょっと大げさですね

この場合の判別式は

$$D=0^2-4\times1\times1=-4$$

となっています．D が負の数ですので，方程式(1.10)は解をもちません．

自然数から始まる数の概念

話を少し変えましょう．

私たちは小学校の「算数」から始まって，中学以降，「数学」を学ぶわけですが，その過程で，数の概念は少しずつひろがっていきます．

ここで，数の概念のひろがりを整理してみましょう．ただし，ここでの説明は，学校で学ぶ順番とは多少異なります．

数学の発展の歴史的順序とも異なります

まず，私たちは

$$1,\ 2,\ 3,\ 4,\ 5,\ \ldots$$

という数を学びます．これは**自然数**とよばれるものです．そして，自然数同士の足し算や引き算を学びます．

たとえば，「りんごが3個，みかんが7個あります．あわせて何個でしょうか？」などという問題に対して

$$3 + 7 = 10$$

という式を立てて，「10個」という答えを出すことができるわけです．

整数

四則演算という言葉があります．**加法**（足し算），**減法**（引き算），**乗法**（かけ算），**除法**（割り算）の4つの演算を合わせたものですね．いわゆる「加減乗除」です．

自然数だけを考えていると，四則演算がうまくできない場合が出てきます．たとえば

$$3 - 7 = ??$$

というような引き算をしようとすると，たちどころに困ってしまいます．

いい方を変えてみましょう．

簡単な1次方程式

$$x + 7 = 3$$

を考えます．自然数の範囲ではこの方程式は解をもたないのです．

あとの説明の都合上，あえて，こむずかしい表現をしてみました

そこで，数の概念をひろげてみます．

$$\ldots -3,\ -2,\ -1,\ 0,\ 1,\ 2,\ 3, \ldots$$

つまり，「0」や負の数を含めた「**整数**」を考えるわけです．そうすると

$$3-7=-4$$

という具合に，引き算がうまく機能します．

有理数

整数の世界では，足し算，引き算，かけ算ができます．でも，割り算となると

$$3\div 7=??$$

というような場合には，やはり困ってしまいます．

別ないい方をすると

$$7x=3$$

という1次方程式を考えたとき，整数の範囲ではこの方程式は解をもたないのです．

そこで，今度は**分数**を考えます．そうすると

$$3\div 7=\frac{3}{7}$$

という具合に，割り算ができるようになります．

一般に

$$\frac{\text{整数}}{\text{整数}}$$

という形に表すことのできる数を**有理数**とよびます．

たとえば

$$\frac{2}{3},\ \frac{19}{4},\ -\frac{3}{7}$$

などは有理数です．また，3や-5などの整数も

$$3=\frac{3}{1},\quad -5=-\frac{5}{1}$$

のように，分数の形に表すことができるので，やはり有理数です．

有理数にまで数の概念をひろげると，ようやく四則演算がうまく機能するようになります．実際，有理数同士を足したり引いたりかけたり割ったりしても，答えは有理数になります．

もちろん，0で割ることはできませんが，0以外の有理数で割ることはできます

このことを「有理数全体の集合は四則演算に関して閉じている」と表現します．

ものの集まりのことを数学では「集合」とよびます

3rd Step 数の概念のひろがり　～実数

数を表すのに，次のような数直線を用いることがあります．

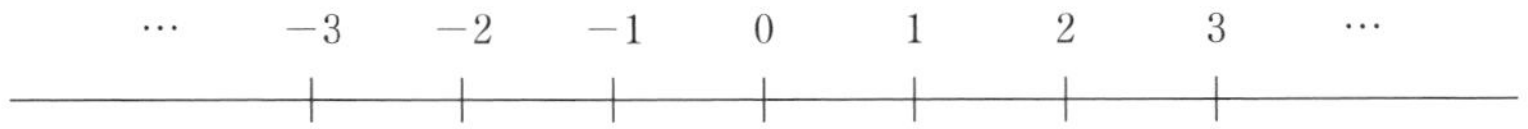

直線上に「0」という点を定め，右側は正の数，左側は負の数を表します．数直線については，読者の皆さんはすでにご存じだと思いますので，これ以上の説明は省きましょう．

数直線上の点にはさまざまな数が対応するわけですが，その中には，有理数でないものもたくさんあります．

たとえば，$\sqrt{2}$ を小数で表すと

$$\sqrt{2} = 1.41421356\ldots$$

です．この数は有理数でないことが知られています．

有理数でない数を**無理数**といいます．$\sqrt{2}$ は無理数ですが，そのほかにも，たとえば円周率

$$\pi = 3.1415926\ldots$$

も無理数であることが知られています．

有理数と無理数を合わせて**実数**とい

「実数」の厳密な定義は別にありますが，それはむずかしいので，本書では取り扱いません

います．数直線上の点が実数と対応するわけです．

さて，前にも述べたように，$\sqrt{2}$ は

$$x^2 = 2 \tag{1.11}$$

という2次方程式の解です．この方程式の解は

$$x = \pm\sqrt{2}$$

ですが，これは有理数ではありません．いい換えれば，有理数の範囲では方程式 (1.11) は解をもたないのです．でも，実数の範囲では解をもちます．

このように，数の範囲をひろげることによって，いままで解をもたなかった方程式が解をもつようになる場合があるのです．

これこそが本書のテーマです！

4th Step そして複素数

ここで，2nd Stepの冒頭の2次方程式 (1.10)

$$x^2 + 1 = 0$$

をもう1度考えてみましょう．

実数の範囲では，この方程式は解をもちません．$x^2 = -1$ となるような実数 x は存在しないからです．

そこで，数の概念をもっとひろげて，このような x も取り扱えるようにすることを考えます．

まず，2乗すると -1 となる数を1つ考えて，それを i という記号で表します．つまり

このいい回しが妥当かどうかは，のちに検討します．ここでは気にせずに読み進めてください

$$i^2 = -1$$

というわけです．

この新しく考えられた数iを**虚数単位**とよびます．

次に，虚数単位iを数の仲間に加えて，四則演算ができるようにしましょう．

a，bを実数とします．虚数単位をb倍した数を

$$bi$$

と書くことにしましょう．このbiにaを加えた数は

$$a+bi \tag{1.12}$$

です．虚数単位iも含めて四則演算をしようとすると，このような数を考える必要がありますね．そこで，この式(1.12)の形に表される数を**複素数**とよびます．

英語では「complex number」といいます．実数と虚数単位を「複合した数」という感じですね．本書の主役登場です！

実数も複素数の一種と考えます．というのも，実数aについては

$$a=a+0\cdot i$$

と考えることができるからです．実数でない複素数は

$$a+bi \qquad (a,\, b\text{は実数，}\ b\neq 0)$$

という形をしています．このような複素数，つまり，実数でない複素数を**虚数**とよびます．特に，虚数の中でも

英語では「imaginary number」です．「想像上の数」という感じですが，本当にこれは想像上の数なのでしょうか？

$$0+bi\,(=bi) \qquad (b\text{は実数，}\ b\neq 0)$$

という形のものを**純虚数**とよびます．

複素数を1つの文字で表すこともあります．

$$z=a+bi$$

という具合です．

もちろん，a，bは実数です

このように表したとき，右辺に出てくる実数aを複素数zの**実部**，あるい

は**実数部分**とよびます．また，bをzの**虚部**，あるいは**虚数部分**とよびます．

まとめましょう．

Point

- $i^2=-1$となる数iを1つ考え，これを虚数単位とよぶ．
- $a+bi$（a，bは実数）という形の数を複素数とよぶ．aを実部（実数部分），bを虚部（虚数部分）という．
- 実数も複素数の一種である．虚部が0である複素数が実数である．
- 虚部が0でない複素数，つまり，実数でない複素数を虚数とよぶ．
- 実部が0である虚数を特に純虚数とよぶ．

虚数も含めて，新たに複素数という数の概念を考えよう，というわけです．

（まとめ）

「自然数 → 整数 → 有理数 → 実数」という数の概念のひろがりを観察しました．さらに，「虚数」を含む「複素数」という新しい数の概念を提案しました．

テーマ 1.3

複素数の計算

【教室で】 零君の素朴な疑問

：2つの実数a，bに対して$a+bi$という複素数を考える，ということはわかった．でも，複素数の四則演算はきちんと定まるのだろうか？

：それは教科書に書いてあるわけだし……

：自然数から整数，そして有理数，実数というふうに数の概念がひろがってきたことはわかる．数の世界がひろがるたびに，その数の世界の中で，足し算や引き算，かけ算，割り算などの演算がきちんと定まるのかどうかを問題にしてきたわけだよね．だったら複素数の世界での演算についても，きちんと確認しなければならないよね

：まあ，それはそうだけど……．相変わらず，用心深いというか，慎重というか……

：そうかなあ．素朴な疑問だと思うんだけど……

1st Step 四則演算の性質

ここでは，実数の四則演算の性質について考えてみましょう．

分配法則

テーマ1.1の1st Stepでは，**分配法則**（公式 1.1）を紹介しました．それは次のような式でした．

$$a(b+c)=ab+ac, \quad (a+b)c=ac+bc$$

交換法則

四則演算については，まだいろいろな性質が成り立ちます．たとえば

$$a+b=b+a$$

という式が成り立ちます．足し算の順序を交換してもよい，ということを示した式です．このような性質を**交換法則**とよびます．

乗法についても交換法則が成り立ちます．それは次のような式で表されます．

$$ab=ba$$

結合法則

足し算などの演算は「**二項演算**」ともよばれます．

加法は，2つの数，たとえば3と5に対して，新しい数8をつくり出します．

$$3+5=8$$

2つの数に対する演算ですから「二項演算」です．

それでは，数が3つある場合は，どうなるのでしょうか？

たとえば，3, 5, 9という3つの数を足し合わせるのに，ある人は「まず3と5を足すと8になる．それに9を足せばよい」と考えたとします．このことを式で表すと

$$(3+5)+9=8+9=17$$

となりますね．

一方，「まず5と9を足しておく．それは14である．そのあと，$3+14$を計算すればよい」と考えることだってできます．つまり

$$3+(5+9)=3+14=17$$

という式によっても計算できるわけです．

どちらも同じ結果「17」が得られますね．

一般に，次の式が成り立ちます．

$$(a+b)+c=a+(b+c)$$

このような性質を**結合法則**とよびます．

乗法についてもやはり結合法則が成り立ちます．それは次のような式で表されます．

$$(ab)c=a(bc)$$

引き算や割り算については述べませんでしたが，減法は加法の逆演算であり，除法は乗法の逆演算であるということに注意しておきましょう．

2nd Step　複素数の加法と乗法

これから，複素数同士の四則演算を定めることを考えましょう．

その際，実数の四則演算と同じような性質をもつ四則演算を定めたいと思うのは自然でしょう．分配法則や交換法則，結合法則などは成り立っていてほしいわけです．要するに，実数の場合とまったく同様の計算法則にしたがって四則演算ができるようにしたいのです．

複素数の加法

まず，加法について考えましょう．

$2i$ と $3i$ の足し算については，次のように考えます．

ここでは分配法則を使っています

$$2i+3i=(2+3)i=5i$$

$6+2i$ と $7+3i$ の足し算は，次のよう

よく見ると，交換法則や結合法則を使っていることがわかります

に行います．

$$(6+2i)+(7+3i)=(6+7)+(2i+3i)=13+5i$$

一般に，2つの複素数

$$a+bi, \quad c+di \quad (a,\ b,\ c,\ d\text{は実数})$$

の和は次のように定められます．

公式 1.5 複素数の和

$$(a+bi)+(c+di)=(a+c)+(b+d)i$$

複素数の乗法

今度は複素数の乗法を考えてみます．次の例題を見てください．

例題 1.2

次の計算をしなさい．

1 $2\times 5i$

2 $3i\times 4$

3 $3i\times 5i$

4 $(2+3i)(4+5i)$

解答

分配法則，交換法則，結合法則などを用いて計算します．

1

$$2\times 5i=(2\times 5)\times i=10i$$

2

$$3i\times 4=(3\times 4)\times i=12i$$

3

$$3i\times 5i=(3\times 5)\times i^2=15\times(-1)=-15$$

4

$$(2+3i)(4+5i) = 2\times 4 + 2\times 5i + 3i\times 4 + 3i\times 5i$$
$$= 8 + 10i + 12i - 15$$
$$= -7 + 22i$$

この例題を見れば，複素数同士のかけ算の方法がわかると思います．

Point

- 複素数同士の乗法は，実数の場合とまったく同様の計算法則にしたがって行う．
- 計算の過程で i^2 があらわれたら，それを -1 でおき換える．

一般に，2つの複素数 $a+bi$ と $c+di$ の積は次のように定められます．

読者の皆さんは自分で確かめてみてください

覚える必要はありません．分配法則を使えば計算できます

公式 1.6 複素数の積

$$(a+bi)(c+di) = (ac-bd) + (ad+bc)i$$

3rd Step 複素数の減法，および「等しい」ことの判定

複素数が 0 になるのは……

$z = a + bi$ (a, b は実数) とします．

いま，$z = 0$ であるとしましょう．つまり

$$a + bi = 0 \tag{1.13}$$

が成り立つとします．このとき，$a = b = 0$ であると考えられます．でも，それは本当でしょうか？ 確かめてみましょう．

「そんなの当たり前だろう!」と思われるかもしれませんが，ちょっとだけお付き合いください

式 (1.13) から次の式が導かれます．

「移項」という操作も実数の場合と同様にできます．式 (1.13) の両辺に $-a$ という実数を加えればよいですね

$$bi = -a$$

ここで，この式の両辺を2乗してみましょう．すると

$$-b^2 = a^2 \tag{1.14}$$

が得られます．

いま，a も b も実数ですから，a^2 も b^2 も0以上です．したがって，式 (1.14) の左辺は0以下，右辺は0以上です．

これは何を意味するでしょうか？

そうです．0以下の数と0以上の数が等しいので，どちらも0でなければならないのです．つまり，a^2 も b^2 も0です．したがって

$$a = b = 0$$

が成り立ちます．

こうして，次のことがわかりました．

記号「$\Longleftrightarrow$」は，右と左が同値な条件（同じ内容を表す条件）であることを表します

Point

- 複素数 z が0である $\Longleftrightarrow$ z の実部と虚部がともに0である．

$-z$ は何か？

$z = a + bi$ (a，b は実数) とします．

このとき，$-z$ はどのような複素数かを考えてみましょう．いま

$$-z = x + yi \quad (x,\ y \text{ は実数})$$

と表してみます．このとき

$$z + (-z) = 0$$

となるはずです．左辺を計算すると

$$z + (-z) = (a + bi) + (x + yi) = (a + x) + (b + y)i$$

です．これが0と等しいのですから

$$a + x = 0, \quad b + y = 0$$

が成り立ちます．したがって

$$x = -a, \quad y = -b$$

が得られます．つまり

$$-z = (-a) + (-b)i$$

が成り立ちます．

これも「そんなの当たり前だ！」という感じですね

複素数の減法

z と w を複素数とし

$$z = a + bi, \quad w = c + di \quad (a,\ b,\ c,\ d \text{ は実数})$$

と表されるとします．このとき，$z - w$ はどうなるでしょうか？

z から w を引くには，z に $-w$ を加えればよいですね．いま

$$-w = (-c) + (-d)i$$

であるので

$$z - w = \{a + (-c)\} + \{b + (-d)\}i = (a - c) + (b - d)i$$

が成り立ちます．こうして，次の公式が得られました．

公式 1.7 複素数の差

$$(a + bi) - (c + di) = (a - c) + (b - d)i$$

複素数が「等しい」とは?

今度は，2つの複素数が「等しい」とはどういうことかを考えます．

$$z = a + bi, \quad w = c + di \quad (a, b, c, d \text{ は実数})$$

とします．$z = w$となるのは，$z - w = 0$であるときですね．

$$z - w = (a - c) + (b - d)i$$

であり，これが0であるので

$$a - c = 0, \quad b - d = 0$$

です．つまり

$$a = c, \quad b = d$$

となります．

またまた「当たり前」の結論が出てきました

Point

- $z = w \iff z$ と w の実部と虚部がそれぞれ等しい

4th Step 複素数の除法

割り算についての素朴な疑問

$$z = a + bi, \quad w = c + di \quad (a, b, c, d \text{ は実数})$$

とします．さらに$w \neq 0$とします．今度は

$$z \div w$$

を考えましょう．複素数の割り算です．

でも，ちょっと待ってください．そもそも割り算はできるのでしょうか？

こういう素朴な疑問はとても大事です

数の概念を実数から複素数にひろげたからといって，複素数の範囲で割り

算ができるという保証はありません．

たとえば，整数の範囲では，必ずしも割り算はできませんでした．$6 \div 2$という割り算は，答えが整数になりますが，$5 \div 2$という割り算をしようとすると，もはや整数の範囲にはおさまりません．

ひょっとしたら，同じようなことが複素数の世界でも起こっているかもしれません．

複素数を0以外の複素数で割ることはいつでもできるのか？　それともそうでないのか？

この疑問に対する答えをこれから考えていくことにしましょう．

分数の性質

いま，仮に$z \div w = u$（uは複素数）となったとしましょう．分数の形を用いれば

$$u = \frac{z}{w}$$

と表されるわけですが，このとき

$$z = wu \tag{1.15}$$

が成り立ちます．

また，複素数αは$\alpha \neq 0$，$\alpha w \neq 0$を満たすとしましょう．式(1.15)の両辺をα倍すると

$$\alpha z = (\alpha w)u$$

となりますが，これは

$$u = \frac{\alpha z}{\alpha w}$$

が成り立つことを意味します．こうして

$$u = \frac{z}{w} = \frac{\alpha z}{\alpha w}$$

という式が得られます．

Point

- ある複素数 u が $u = \dfrac{z}{w}$ という形に表されるとき，分母が0にならない限り，分母と分子に共通の複素数 α をかけても，やはり

$$u = \frac{\alpha z}{\alpha w}$$

が成り立つ．

実数の世界では当たり前のことですが，同じことが複素数の世界でも成り立つわけです

複素数の割り算

次の例題を解いてみましょう．

例題 1.3

a, b を実数とします．

1 $(a+bi)(a-bi) = a^2 + b^2$ を示しなさい．

2 $(a+bi)(a-bi)$ は0以上の実数であることを示しなさい．

3 $a+bi \neq 0$ ならば $(a+bi)(a-bi) \neq 0$ であることを示しなさい．

解答

1 次のように計算できます．

$$\begin{aligned}(a+bi)(a-bi) &= a^2 + a \times (-bi) + (bi)a - (bi)^2 \\ &= a^2 - abi + abi - b^2 \times (-1) \\ &= a^2 + b^2\end{aligned}$$

2 a，b は実数ですから，a^2 も b^2 も0以上の実数です．したがって，それらの和 $a^2 + b^2$ も0以上の実数です．ですから，**1** により，$(a+bi)(a-bi)$ は0以上の実数です．

3 もし $(a+bi)(a-bi)=0$ ならば，**1** により，$a^2+b^2=0$ です．a^2 も b^2 も 0 以上の実数であり，それらの和が 0 ですので

$$a^2=b^2=0$$

でなければなりません．このとき，$a=b=0$ であり，$a+bi=0$ です．

したがって，$a+bi\neq 0$ ならば $(a+bi)(a-bi)\neq 0$ です．

例題 1.3 を手がかりにして，複素数の割り算について考えます．次の例題を解いてみましょう．

例題 1.4

$\dfrac{4+5i}{2+3i}$ を計算しなさい．

解答

分母と分子に $2-3i$ をかけます．

$$\frac{4+5i}{2+3i}=\frac{(4+5i)(2-3i)}{(2+3i)(2-3i)}$$

分母と分子をそれぞれ計算します．

> 分母の計算を **例題 1.3** と比べてみてください

$$(2+3i)(2-3i)=2^2+3^2=13$$

$$(4+5i)(2-3i)=8-12i+10i-15i^2=23-2i$$

したがって，次が得られます．

$$\frac{4+5i}{2+3i}=\frac{23-2i}{13}=\frac{23}{13}-\frac{2}{13}i$$

一般に，例題 1.4 と同じような方法によって，複素数の割り算ができます．

a，b，c，d を実数とし，$a+bi \neq 0$ とします．このとき，分母と分子に $a-bi$ をかけることにより，次の計算ができます．

$$\frac{c+di}{a+bi} = \frac{(c+di)(a-bi)}{(a+bi)(a-bi)} = \frac{ac+bd}{a^2+b^2} + \frac{ad-bc}{a^2+b^2}i$$

ここで，$a+bi \neq 0$ であるので，例題 1.3 の **3** により，$a^2+b^2 \neq 0$ であることに注意してください．

こうして，次のことがわかりました．

Point

- 複素数を0でない複素数で割ることができる！

複素数 $c+di$ を $a+bi\,(\neq 0)$ で割った商は次のように定められます．

覚える必要はありません．例題 1.4 の方法がわかっていれば計算できます

公式 1.8 複素数の商

$$\frac{c+di}{a+bi} = \frac{ac+bd}{a^2+b^2} + \frac{ad-bc}{a^2+b^2}i$$

まとめ

実数の場合とまったく同様の法則にしたがって，複素数の四則演算ができることを示しました．

Chapter

2

もっと知りたい 複素数

Chapter 1では，虚数を含めた「複素数」という概念を導入しました．Chapter 2では，複素数を考えたときに2次方程式の解の公式がどのように解釈できるか，ということから始めて，「複素数平面」など，もう少し進んだ内容を説明します．

テーマ 2.1

2次方程式の解の公式ふたたび

【教室で】 せめてこの目で……

：複素数の四則演算ができるようになったね

：うん，確かに四則演算ができることがわかった．でも，まだ「複素数のことが手に取るようにわかった」とは言えないな

：そのためには自分で少し計算練習をする必要があると思うよ

：ところで，虚数を含めて考えたとき，たとえば2次方程式の解の公式についてはどう考えればいいんだろうか？ 一応，確認しておく必要があるよね

：相変わらず慎重だねえ．そういえば，授業では近いうちに「複素数平面」というのが出てくるらしいぜ．なんでも，「複素数を目に見えるようにする」という話らしい

：ふーん……．一句できた．複素数川柳．
「手に取って　せめてこの目で　見てみたい」

1st Step

複素数の世界でも因数分解が使えるか？

「虚数」を含めて新たに「複素数」という数を考えましたが，ここでもう1度，2次方程式の話に戻りましょう．

2次方程式を解くにあたって，因数分解を使う方法がありましたが，その

方法は複素数の世界でも通用するのでしょうか？

テーマ1.1の2nd Step **例題 1.1** を振り返ります．解答の中に式(1.3)が出てきました．

$$(x-4)(x-6)=0$$

という式でした．このとき，「$x-4$と$x-6$をかけたら0になるのだから，少なくともどちらか一方は0でなければならない」という論法によって

$$x=4 \quad \text{または} \quad x=6$$

を導きました．

このような論法は，複素数の世界でも通用するのでしょうか？

何しろ新しい数を考えているわけですから，実数の世界では当たり前のことであっても，1つずつ検討する必要があります

次の例題を見てください．

例題 2.1

z，wを複素数とします．$zw=0$ならば，zとwのうち，少なくともどちらか一方は0であることを示しなさい．

解答

$z=0$の場合と$z\neq 0$の場合に分けて考えます．

示したい結論は，「zとwのうち，少なくともどちらか一方は0である」ことです．

$z=0$のときは，もちろんその結論が成り立っています．

そこで，$z\neq 0$とします．複素数の世界では，複素数を0でない複素数で割ることができます．そこで

このことはテーマ1.3の4th Stepで確認しました

$$zw=0$$

という式の両辺をzで割ります．そうすると

$$w = 0$$

が得られます.

くわしくは述べませんが，$\dfrac{0}{z} = 0$であることは簡単にわかります

$z \neq 0$の場合は$w = 0$であることがわかりました.

したがって，「$zw = 0$ならば，zとwのうち，少なくともどちらか一方は0である」ことが示されました.

この例題によって，因数分解を用いて2次方程式を解くという方法が複素数の世界でも通用することがわかりました.

2nd Step $x^2 = -1$の解を全部求めよう!

虚数単位iを新しく考えたときのことを思い出しましょう.

テーマ1.2の4th Stepです

2乗すると-1となる数を1つ考えて，それをiという記号で表し，虚数単位とよびました.

それでは，2乗したら-1になる数は，ほかにないのでしょうか？

このことを考えるために，**公式 1.3** を思い出します.

テーマ1.1の1st Stepにあります

$$(x - a)(x - b) = x^2 - (a + b)x + ab$$

という式でした.

この式を導くために使ったのは，分配法則などの計算規則だけです．ですから，複素数の世界でもこの式は成り立ちます.

ここでは，特に$b = -a$の場合を考えましょう．このとき，$a + b = 0$，$ab = -a^2$ですから，次のような公式が得られます.

公式 2.1

$$(x-a)(x+a)=x^2-a^2$$

公式 2.1 において，特に$a=i$とすると，次の式が得られます．

$i^2=-1$に注意しましょう

$$(x-i)(x+i)=x^2+1 \tag{2.1}$$

準備が整いました．2乗したら-1になる数をすべて求めましょう．

複素数xを2乗したら-1になったとします．このとき，2次方程式

$$x^2=-1$$

が立てられますが，これを変形すれば

$$x^2+1=0$$

となります．さらに，式(2.1)を用いれば

$$(x-i)(x+i)=0$$

と変形できます．したがって

$$x-i=0 \quad \text{または} \quad x+i=0$$

が成り立ちます．

1st Stepの 例題 2.1 で示したことをここで使いました

結局，次のことがわかります．

Point

- 2乗したら-1になる複素数は

$$i, \quad -i$$

の2つである．

このことはあとで問題になるのですが，それはそのときのお楽しみ！

3rd Step

負の数の平方根

負の数の平方根

テーマ1.2の1st Stepでは，2次方程式の判別式を定義しました.

判別式が負のとき，実数の範囲では2次方程式は解をもたないわけですが，複素数の範囲ではどうでしょうか.

そこでまず，負の数の平方根について考えてみることにしましょう.

たとえば，-3の平方根は何でしょうか？

$\sqrt{3}\,i$を2乗すると

$$\left(\sqrt{3}\,i\right)^2 = \left(\sqrt{3}\right)^2 i^2 = -3$$

となります．ですから，$\sqrt{3}\,i$は-3の平方根の1つです.

また，$-\sqrt{3}\,i$も-3の平方根です．実際

$$\left(-\sqrt{3}\,i\right)^2 = \left(-\sqrt{3}\right)^2 i^2 = -3$$

となります.

一般に，dを**正の実数**とします．このとき

$$\left(\sqrt{d}\,i\right)^2 = \left(-\sqrt{d}\,i\right)^2 = -d$$

が成り立ちます．したがって

$$\sqrt{d}\,i, \quad -\sqrt{d}\,i$$

は$-d$の平方根です.

また，$-d$の平方根はこの2つだけです．実際，2次方程式

$$x^2 = -d$$

を解いてみましょう.

$\left(\sqrt{d}\,i\right)^2 = -d$であることに注意し，2nd Stepの **公式 2.1** を$a = \sqrt{d}\,i$に対して適用すれば，この方程式は

$$\left(x - \sqrt{d}\,i\right)\left(x + \sqrt{d}\,i\right) = 0$$

と変形できます．

したがって，$-d$の平方根は$\sqrt{d}\,i$と$-\sqrt{d}\,i$の2つだけです．

$\sqrt{-d}$ の定義

負の実数$-d$の平方根は2つあるわけですが，ここで$\sqrt{-d}$を次のように定めます．

Point

■ 負の実数$-d$に対して，$\sqrt{-d} = \sqrt{d}\,i$と定める．

重要な注意その1

ここで重要な注意があります．それは，複素数の世界では，数の大小関係は定義できないということです！

2つの実数a, bに対しては

$$a < b, \quad a = b, \quad a > b$$

のいずれかの関係が必ず成り立ちます．つまり，実数の世界には数の大小関係が定義されているわけです．

でも，たとえば$4-2i$と$3+5i$のどちらが大きいか，などということは定められないのです．

実数の世界では，0より大きい数を「正の数」，0より小さい数を「負の数」とよびますが，そういう概念は虚数に対しては定義できません．「正の虚数」や「負の虚数」という概念は存在しないのです．

なぜここでそのようなことを述べたかというと，このことが$\sqrt{-d}$の定義

にかかわってくるからです.

正の実数 d の平方根は，やはり2つあります．正の平方根と負の平方根が1つずつあります．そこで，d の平方根のうち，正のものを $\sqrt{d}$ と定めました.

しかし，負の数 $-d$ の平方根は虚数ですから，そのような定義はできません．そこで，1つの決まりごととして

$$\sqrt{-d} = \sqrt{d}\, i$$

と定めるわけです.

重要な注意その2

もう1つ，重要な注意があります．正の実数の平方根については，次のような関係式が成り立ちます.

$$\sqrt{3} \times \sqrt{5} = \sqrt{15}$$

一般に，正の実数 a, b に対して

$$\sqrt{a} \times \sqrt{b} = \sqrt{ab}$$

が成り立ちます.

ところが…….

$\sqrt{-3} \times \sqrt{-5}$ を計算してみましょう.

$$\sqrt{-3} = \sqrt{3}\, i, \quad \sqrt{-5} = \sqrt{5}\, i$$

であることを用いて計算すると

$$\sqrt{-3} \times \sqrt{-5} = \left(\sqrt{3}\, i\right) \times \left(\sqrt{5}\, i\right) = \sqrt{15}\, i^2 = -\sqrt{15}$$

となります．一方，$(-3) \times (-5) = 15$ ですから

$$\sqrt{(-3) \times (-5)} = \sqrt{15}$$

となり，これは $\sqrt{-3} \times \sqrt{-5}$ とは異なります！

Point

■ 負の実数 $-a$，$-b$ に対しては

$$\sqrt{-a}\times\sqrt{-b}\neq\sqrt{(-a)\times(-b)}$$

4th Step　実数解と虚数解 ～判別式による判定

2次方程式の解の公式

2次方程式の解の公式を思い出しましょう．

テーマ1.1の4th Stepでは，2次方程式 (1.7)

$$ax^2+bx+c=0 \qquad (a\neq 0)$$

を考えました．ただし，a，b，c は**実数**とします．

この方程式の解は

$$x=\frac{-b\pm\sqrt{b^2-4ac}}{2a} \tag{2.2}$$

でした．（テーマ1.1の4th Step 公式 1.4 です）

また，判別式は $D=b^2-4ac$ です．

判別式 D が負のとき，実数の範囲では上の2次方程式は解をもちません．でも，複素数にまで範囲をひろげれば，負の数の平方根を考えることができるので，2次方程式 (1.7) は解をもち，それは式 (2.2) の形をしています．（解の公式を導いたテーマ1.1の4th Stepの論法がここでも通用します）
この場合の解は2つとも虚数です．

一般に，方程式の解が実数のとき，その解を**実数解**といいます．虚数の解は**虚数解**というわけです．

たとえば，2次方程式

$$3x^2+5x+3=0$$

$5^2 - 4 \times 3 \times 3 = -11$ですね

を考えると，判別式は-11です．解は

$$x = \frac{-5 \pm \sqrt{-11}}{6} = \frac{-5 \pm \sqrt{11}\, i}{6}$$

です．虚数解が2つですね．

$a = 3$，$b = 5$，$c = 3$として解の公式に当てはめて計算すればわかります

ちなみに，$D = 0$のとき，2次方程式(1.7)はただ1つの実数解をもちます．この解は，**重解**とよばれます．

本来は2つある解が「重なって1つになった」と考えるわけです

たとえば，2次方程式

$$x^2 - 6x + 9 = 0$$

の判別式は0です．解は$x = 3$のみで，これが重解です．

くわしい計算は省きます

結局，実数係数の2次方程式について，次のことがわかりました．

Point

- 判別式が正のとき，2次方程式は2つの実数解をもつ．
- 判別式が0のとき，2次方程式はただ1つの実数解（重解）をもつ．
- 判別式が負のとき，2次方程式は2つの虚数解をもつ．

まとめ

実数係数の2次方程式の解の公式について，解の範囲を複素数にまでひろげて考察しました．その場合，負の実数の平方根があらわれますが，その取り扱いには少し注意が必要でした．

テーマ 2.2

サイン・コサイン ～三角比と三角関数

【教室で】 虚数取調室

：今度の授業は「三角関数」の話らしいよ

：虚数の話はどこへ行ったんだろう？ ぼくはまだ虚数の存在を信じたわけじゃないのに……

：やれやれ……．いい加減認めたらどうなんだ！「虚数は存在する」ってことを！

：昭和の刑事ドラマかよ．……だったら証拠を出してもらおうじゃないか．虚数が存在するという証拠を！

：四則演算ができるんだぜ！ 2次方程式も解けるんだぜ！

：そんなもの，状況証拠にもならないよ．iという数があったとしたら，複素数というものを考えて四則演算ができる，2次方程式が解ける……．それだけの話じゃないか．全部「タラレバ」なんだよ．捕らぬ狸の四則演算なんだよ！

：まあまあ，とにかく三角関数の授業を聴こうぜ

1st Step 三角比

テーマ2.2では，三角比や三角関数について，簡単に説明します．

三角比の定義

まず，次のような直角三角形ABCを考えます．

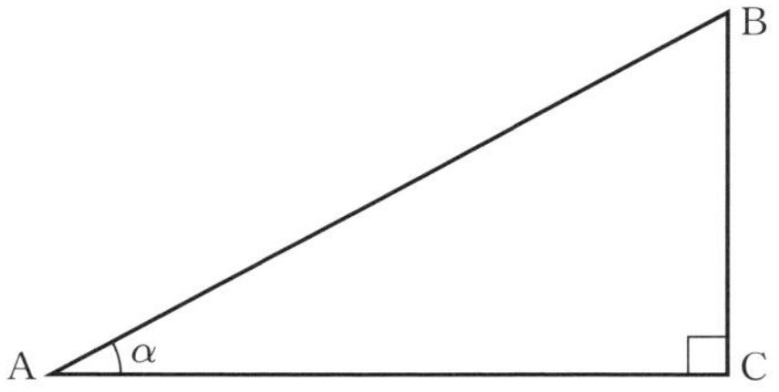

$\angle$ACBは直角です．また，$\angle \mathrm{BAC} = \alpha$とします．

このとき，$\sin\alpha$，$\cos\alpha$を次のように定めます．

$$\sin\alpha = \frac{\mathrm{BC}}{\mathrm{AB}}, \quad \cos\alpha = \frac{\mathrm{AC}}{\mathrm{AB}} \tag{2.3}$$

ここで，記号ABは辺ABの長さを表します．BC，ACも同様です．

$\sin\alpha$，$\cos\alpha$などをまとめて**三角比**とよびます．

ほかにも$\tan\alpha$などがありますが，ここでは省略します

$\mathrm{AB} = r$としましょう．すると，式(2.3)により

$$\mathrm{AC} = r\cos\alpha, \quad \mathrm{BC} = r\sin\alpha$$

が成り立ちます．

特に$r = 1$の場合，ACは$\cos\alpha$と等しく，BCは$\sin\alpha$と等しいことに注意しておきます．

三平方の定理と三角比の相互関係

ここで，「三平方の定理」とよばれる定理を思い出しましょう．

定理 2.1 三平方の定理

Cを直角の頂点とする直角三角形ABCにおいて

$$\mathrm{AC}^2 + \mathrm{BC}^2 = \mathrm{AB}^2 \tag{2.4}$$

が成り立つ．

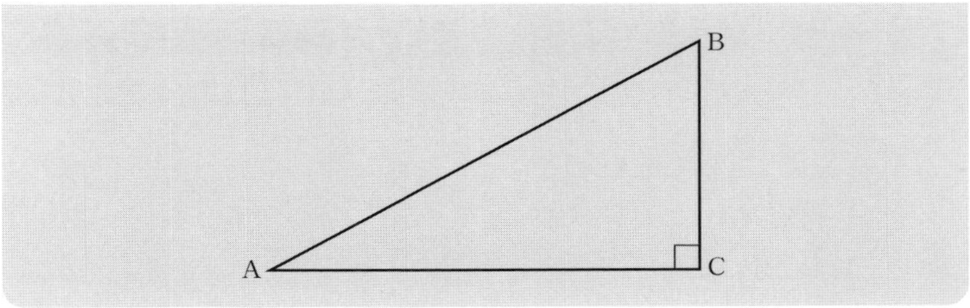

特に$AB = 1$の場合を考えてみましょう．この場合

$$AC = \cos\alpha, \quad BC = \sin\alpha$$

です．これらのことを式(2.4)に代入すると

$$\cos^2\alpha + \sin^2\alpha = 1 \tag{2.5}$$

という式が得られます．

$\cos^2\alpha$は$\cos\alpha$の2乗，$\sin^2\alpha$は$\sin\alpha$の2乗を表します

この式(2.5)を**三角比の相互関係**とよびます．

2nd Step 具体例をいくつか

三角比の具体例を考えてみましょう．

sin30°, cos30°

次の図を見てください．

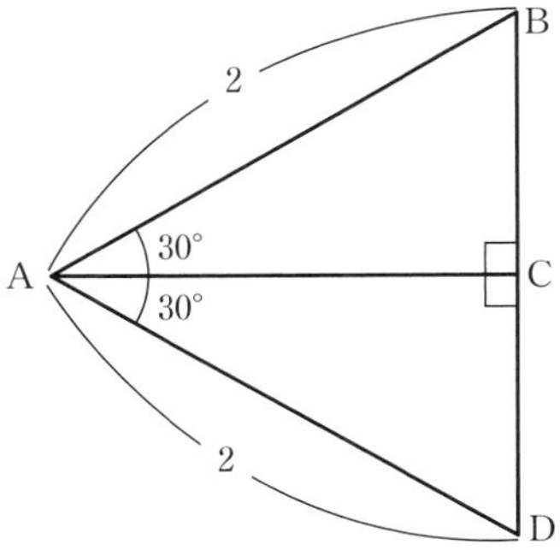

△ABC は直角三角形です．∠ACB は直角，∠BAC = 30° です．また，AB = 2 とします．

長さを1とせずに2とするのは，あとの都合です

△ABC を折り返して △ADC をつくります．

大きな三角形 ABD に着目しましょう．AB = AD ですので，△ABD は二等辺三角形です．また

$$\angle \mathrm{BAD} = 30^\circ \times 2 = 60^\circ$$

です．したがって，△ABD は正三角形です．ですから，3 辺の長さは等しく

1つの角が60° の二等辺三角形は正三角形ですよね

$$\mathrm{AB} = \mathrm{AD} = \mathrm{BD} = 2$$

となります．点 C は辺 BD の中点ですから

ちょうど真ん中の点のことです

$$\mathrm{BC} = 1$$

であることがわかります．

そこで，直角三角形 ABC に着目して，三平方の定理を用いると

$$\mathrm{AC}^2 + \mathrm{BC}^2 = \mathrm{AB}^2$$

という式から

$$\mathrm{AC} = \sqrt{2^2 - 1^2} = \sqrt{3}$$

が得られます．

このことにより，$\sin 30^\circ$ と $\cos 30^\circ$ が次のように求められます．

$$\sin 30^\circ = \frac{\mathrm{BC}}{\mathrm{AB}} = \frac{1}{2}, \quad \cos 30^\circ = \frac{\mathrm{AC}}{\mathrm{AB}} = \frac{\sqrt{3}}{2}$$

sin60°, cos60°

それでは，$\sin 60^\circ$，$\cos 60^\circ$ はどうでしょうか？ 次の図を見てください．

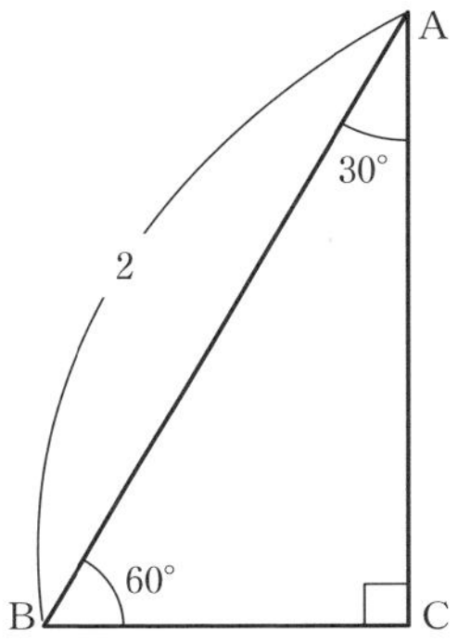

先ほどの直角三角形ABCの向きを変えてみました．ここで

$$\angle \mathrm{ABC} = 60^\circ$$

であることに注意しましょう． くわしい説明は省きます

すると，三角比の定義により，次のことがわかります．

$$\sin 60^\circ = \frac{\mathrm{AC}}{\mathrm{AB}} = \frac{\sqrt{3}}{2}, \quad \cos 60^\circ = \frac{\mathrm{BC}}{\mathrm{AB}} = \frac{1}{2}$$

sin45°, cos45°

今度は $\sin 45^\circ$，$\cos 45^\circ$ を求めてみましょう．次の図を見てください．

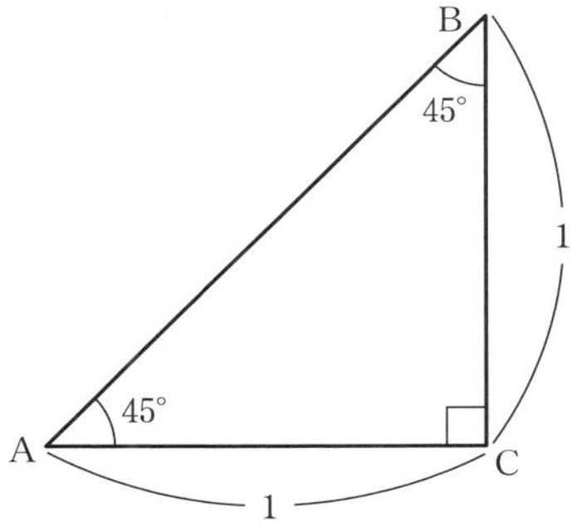

今度は $\angle$ACB が直角で，AC $=$ BC $= 1$ です．したがって，$\triangle$ABC は直角二等辺三角形であり，$\angle$BAC $= 45^\circ$ です．このとき，三平方の定理により

$$\mathrm{AB} = \sqrt{1^2 + 1^2} = \sqrt{2}$$

となります．したがって

$$\sin 45^\circ = \frac{\mathrm{BC}}{\mathrm{AB}} = \frac{1}{\sqrt{2}} = \frac{\sqrt{2}}{2}, \quad \cos 45^\circ = \frac{\mathrm{AC}}{\mathrm{AB}} = \frac{1}{\sqrt{2}} = \frac{\sqrt{2}}{2}$$

が得られます．

Point

- $\sin 30^\circ = \dfrac{1}{2}, \quad \cos 30^\circ = \dfrac{\sqrt{3}}{2}$
- $\sin 60^\circ = \dfrac{\sqrt{3}}{2}, \quad \cos 60^\circ = \dfrac{1}{2}$
- $\sin 45^\circ = \dfrac{\sqrt{2}}{2}, \quad \cos 45^\circ = \dfrac{\sqrt{2}}{2}$

3rd Step 一般角と弧度法

一般角

平面上に1点 O をとり，この点 O から一方向にまっすぐにのびている線を考えます．このような線を**半直線**とよびます．

点Oを中心として半直線を回転させることを考えましょう.

回転には2つの向きがありますが，時計の針が回るのと反対（反時計回り）の向きを**正の向き**といい，時計回りの向きを**負の向き**といいます.

半直線を正の向きにα°だけ回転することを，単に「α°回転する」といい，負の向きにβ°だけ回転することを「$-\beta^\circ$回転する」ということにします.

1回転以上回る場合も考えられます.

たとえば，時計の長針（分針）は120分間（2時間）に時計回りに2回転します．この場合，長針は「-720°回転した」といい表すことができます.

時計の針ですから，もちろん「時計回り」です

また，半直線が正の向きに1回転半した場合は，「540°回転した」と表現されます.

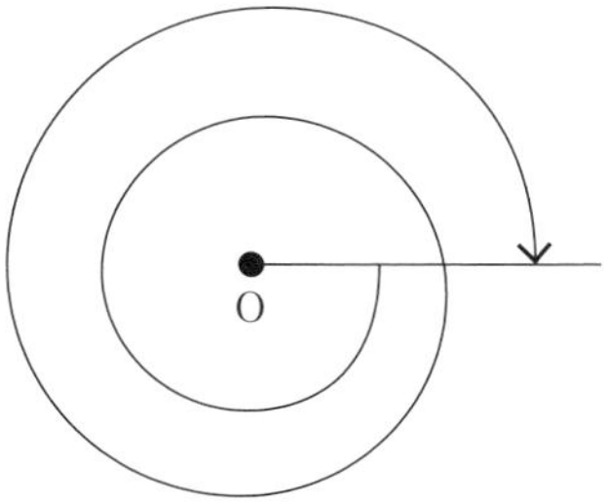

−720° 回転

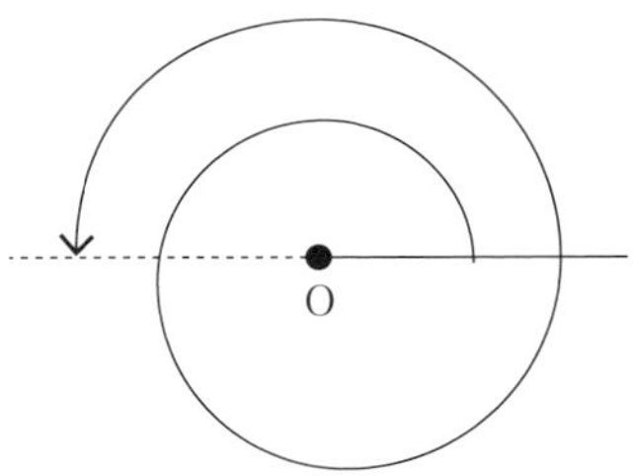

540° 回転

このように，「角度」の意味をひろげて考えたものを**一般角**といいます.

弧度法

1回転は360°ですが，1回転を「2π **ラジアン**」と表す角度の表し方もあります．これを**弧度法**といいます.

πは円周率3.14...です

半径1の円に沿って点が回転したときに，進んだ弧の長さで角度を表すという方法です.

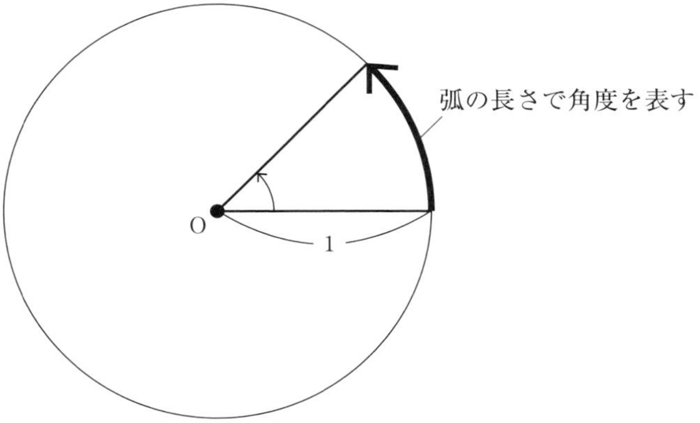

半径１の円

半径1の円に沿って1回転した場合，円周の長さは2πですから，1回転は「2π ラジアン」というわけです．つまり

$$360^\circ = 2\pi\text{ラジアン} \tag{2.6}$$

という関係式が成り立ちます．

式(2.6)の両辺を360で割ると

$$1^\circ = \frac{\pi}{180}\text{ラジアン}$$

という関係式が得られます．さらに，この式の両辺をx倍すれば

$$x^\circ = \frac{\pi}{180}x\ \text{ラジアン}$$

が得られます．

また，式(2.6)の両辺を2πで割って，式の左右を入れ換えると

$$1\ \text{ラジアン} = \left(\frac{180}{\pi}\right)^\circ$$

が得られます．

$\frac{180}{\pi}$ は約57.3ですから，1ラジアンは約57.3° です

また，両辺をy倍して

$$y \text{ ラジアン} = \left(\frac{180}{\pi}y\right)^{\circ}$$

という関係式も導かれます．

まとめておきましょう．

公式 2.2

$$x^{\circ} = \frac{\pi}{180}x \text{ ラジアン}, \quad y \text{ ラジアン} = \left(\frac{180}{\pi}y\right)^{\circ}$$

一般角に対してもこの関係式を適用します．

また，弧度法によって角を表すときは，単位名「ラジアン」を略して書くのが普通です．「2ラジアン」と書く代わりに，単に「2」と書くわけです．

> これ以降はこの書き方を使います

たとえば，次のような関係式が成り立ちます．

> 読者の皆さんは自分で確かめてみてください

$$30^{\circ} = \frac{\pi}{6}, \quad 45^{\circ} = \frac{\pi}{4}, \quad 60^{\circ} = \frac{\pi}{3}, \quad 90^{\circ} = \frac{\pi}{2}$$

4th Step 三角関数

三角比を表すときの角についても，これからは弧度法を用いることにします．たとえば

$$\sin\frac{\pi}{6} = \frac{1}{2}, \quad \sin\frac{\pi}{3} = \frac{\sqrt{3}}{2}, \quad \cos\frac{\pi}{4} = \frac{\sqrt{2}}{2}$$

という具合です．

単位円上の点の座標

三角比の概念を一般角に対してひろげることを考えましょう．

次の図を見てください.

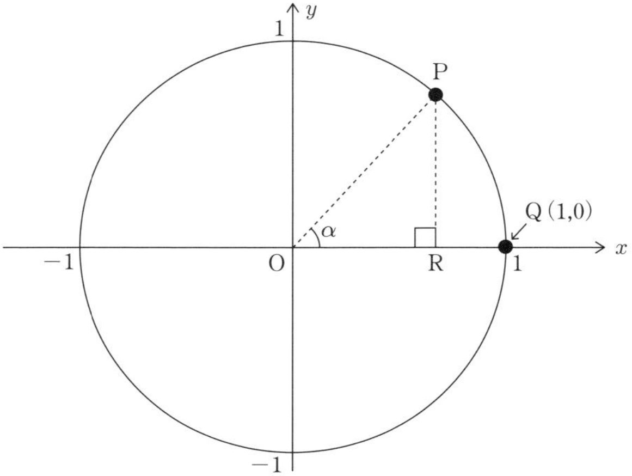

xy 平面上で原点 O を中心とする半径 1 の円を考えます. 点 Q の座標は $(1, 0)$ です. 点 P は円周上の点で

このような円を単位円といいます

$$\angle \mathrm{POQ} = \alpha$$

とします. ここで

$$0 < \alpha < \frac{\pi}{2} \; (= 90^\circ)$$

とします. また, 点 P から x 軸に下ろした垂線の足を R とします.

ここで, △POR に着目しましょう. $\mathrm{OP} = 1$ であることに注意すれば

$$\mathrm{OR} = \cos\alpha, \quad \mathrm{PR} = \sin\alpha$$

であることがわかります. したがって, 点 P の x 座標は $\cos\alpha$, y 座標は $\sin\alpha$ です. 点 P は座標を用いて

$$\mathrm{P}(\cos\alpha, \sin\alpha)$$

と表されるわけです.

三角関数

そこで，一般角 α に対して，$\sin\alpha$ や $\cos\alpha$ を次のように定めます．

Point

- 単位円周上を点 $(1, 0)$ から出発して正の向きに角度 α だけ回った点をPとする．
- その点Pの x 座標を $\cos\alpha$ と定め，y 座標を $\sin\alpha$ と定める．

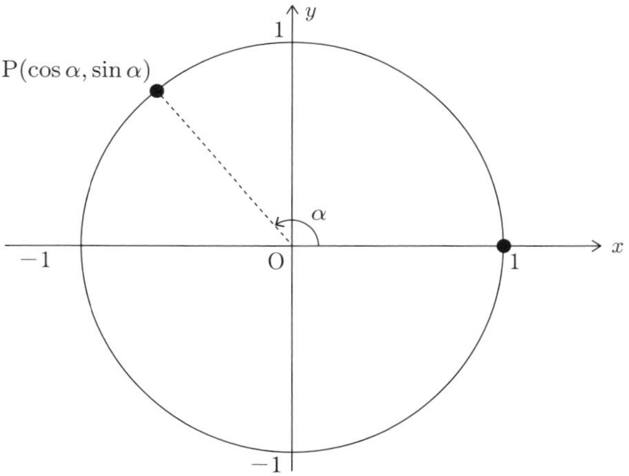

このようにすれば，一般角に対して $\sin\alpha$，$\cos\alpha$ が定められます．これらは α の関数とみることができます．$\sin\alpha$，$\cos\alpha$ などの関数を総称して，**三角関数**とよびます．

例題 2.2

次の三角関数の値を求めなさい．

1 $\cos\dfrac{3}{4}\pi$　**2** $\sin\dfrac{3}{4}\pi$　**3** $\cos\left(-\dfrac{\pi}{3}\right)$　**4** $\sin\left(-\dfrac{\pi}{3}\right)$

5 $\cos 0$　**6** $\sin 0$　**7** $\cos\dfrac{\pi}{2}$　**8** $\sin\dfrac{\pi}{2}$

9 $\cos \pi$　**10** $\sin \pi$　**11** $\cos 2\pi$　**12** $\sin 2\pi$

解答

読者の皆さんは，単位円上に点をとって考えてみてください

答えだけを列挙します．

1 $-\dfrac{\sqrt{2}}{2}$　**2** $\dfrac{\sqrt{2}}{2}$　**3** $\dfrac{1}{2}$　**4** $-\dfrac{\sqrt{3}}{2}$

5 1　**6** 0　**7** 0　**8** 1

9 -1　**10** 0　**11** 1　**12** 0

三角関数の相互関係

一般角 α に対しても

$$\cos^2 \alpha + \sin^2 \alpha = 1$$

という式が成り立ちます．この式を**三角関数の相互関係**とよびます．

半径が 1 でない円周上の点の座標

半径が1でない円周上の点の座標も考えてみましょう．

r を正の実数とします．原点を中心とし，半径が r の円を C とします．

点 $(r, 0)$ から出発して，C に沿って正の向きに角度 α だけ回った点をSとします．このとき，Sの座標は

$$(r\cos\alpha, r\sin\alpha)$$

です．

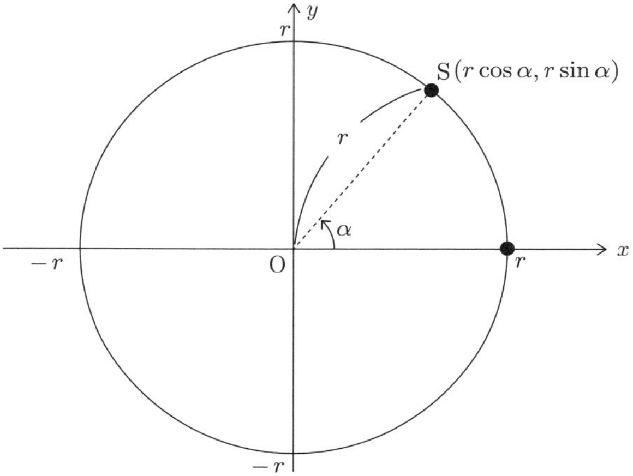

まとめ

三角比や三角関数について，基本的なことがらを述べました．

テーマ 2.3

複素数平面
～複素数を幾何学的にとらえる

【教室で】 三角関数と複素数の隠された関係

：三角関数は複素数と関係があるんだろうか？

：たぶん，関係があるから先生がこの順番に授業をしたんだと思うよ

：どんなふうに関係があるんだろう？

：三角関数は円周上の点の座標と関係していたから，そのあたりに何か隠された関係があるんだと思うよ

：ふーん……

1st Step 複素数平面

複素数平面の定義

ここでは，複素数を平面上の点と対応させることを考えます．

zを複素数とします．このとき，zは

$$z = a + bi \quad (a,\ b\text{は実数})$$

という形に表されていました．そこで，この複素数に対して，座標平面上の点(a, b)を対応させてみましょう．

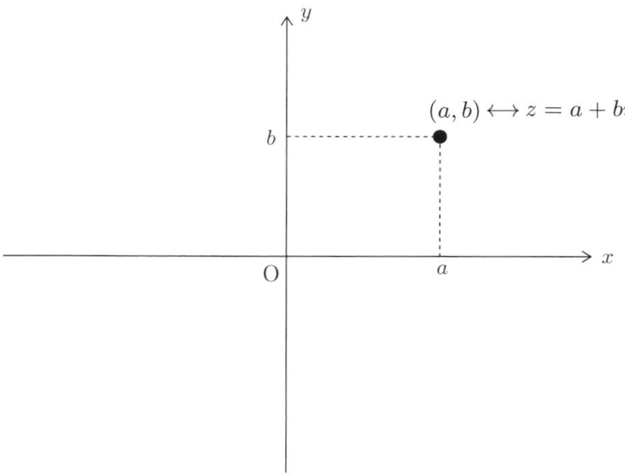

この点の x 座標は a です．これは複素数 z の**実部**を表します．また，y 座標は b で，これは z の**虚部**を表します．

2個の実数（実部と虚部）を与えれば，複素数が1つ定まります．また，2個の実数（x 座標と y 座標）を与えれば，座標平面上の点が1つ定まります．ですから，複素数と平面上の点とが1対1に対応するわけです．

この場合，平面はすべての複素数を集めたものであると考えることができます．このような平面を**複素数平面**（**複素平面**）とよびます．

複素数平面の x 軸は**実軸**ともよばれ，y 軸は**虚軸**ともよばれます．

複素数平面を考えることのメリットは，複素数が「目に見える」ようになることです．

ベクトルとの対応

「ベクトル」については知っているものとして話を進めますが，この部分は読み飛ばしても差し支えありません

複素数を**平面ベクトル**と対応させることもできます．

複素数 $z = a + bi$ は複素数平面上の点 (a, b) と対応しますが，この点をPとします．また，複素数 $0\,(= 0 + 0 \cdot i)$ は原点Oと対応します．

このとき，原点Oを始点とし，点Pを終点とするベクトル $\overrightarrow{\mathrm{OP}}$ を考えることができます．

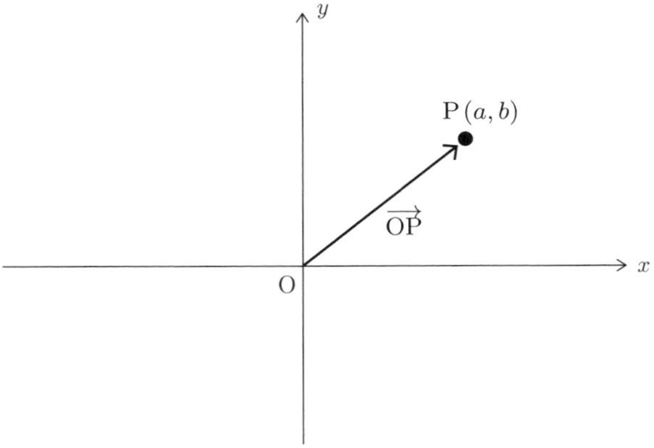

この平面ベクトル$\overrightarrow{\mathrm{OP}}$は

$$\overrightarrow{\mathrm{OP}} = (a, b)$$

と成分表示されます．

このように考えると，複素数の加法を幾何学的に解釈することができます．

いま，2つの複素数

$$z = a + bi, \quad w = c + di \quad (a,\ b,\ c,\ d\text{は実数})$$

を考えます．このとき

$$z + w = (a + c) + (b + d)i$$

となります．

一方，zに対応する複素数平面上の点をPとし，wに対応する点をQとすると，それらに対応するベクトルは

$$\overrightarrow{\mathrm{OP}} = (a, b), \quad \overrightarrow{\mathrm{OQ}} = (c, d)$$

です．いま，点Rを

$$\overrightarrow{\mathrm{OP}} + \overrightarrow{\mathrm{OQ}} = \overrightarrow{\mathrm{OR}}$$

となるように選びます．すると，点Rの座標は

$$\mathrm{R}(a+c, b+d)$$

と表されます．

点Rが複素数$z+w$と対応していることが見てとれますね．

これは，複素数と平面ベクトルと対応させたとき，複素数の和がベクトルの和と対応していることを意味します．

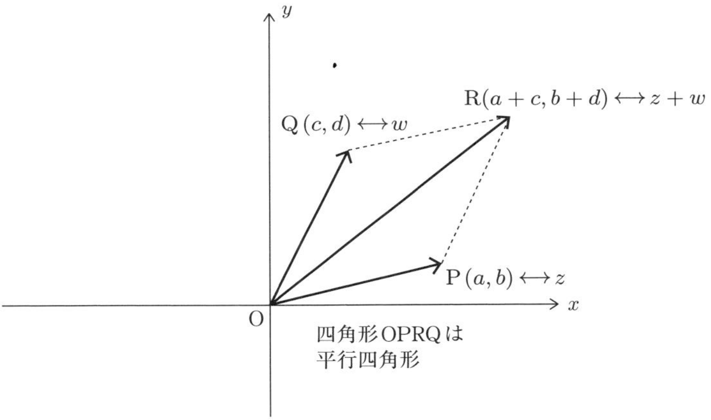

極形式表示

それでは，複素数の積は幾何学的にどのような意味をもっているのでしょうか？ それを考えるために，少し準備をします．

複素数の絶対値　～「ゼロ」からの距離

xを実数とするとき，xの**絶対値**$|x|$は次のように定められます．

$$|x| = \begin{cases} x & (x \geqq 0 \text{ のとき}) \\ -x & (x < 0 \text{ のとき}) \end{cases}$$

たとえば，$|3| = 3$，$|-5| = 5$ です．

数直線上に0, 3, -5 は次のように並んでいます．

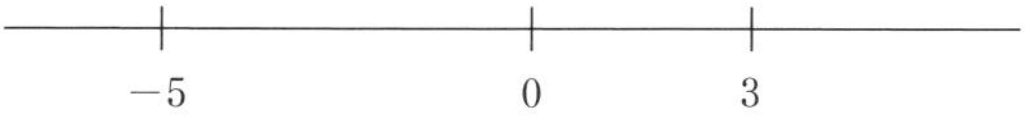

このとき，0と3の距離は $3\,(= |3|)$ です．0と -5 の距離は $5\,(= |5|)$ です．

一般に，数直線上の実数 x と0の距離は，x の絶対値 $|x|$ にほかなりません．

このことを踏まえて，複素数の絶対値を定義します．複素数平面上における原点との距離を絶対値と定めるわけです．大まかにいえば，複素数の絶対値は，その複素数が「ゼロ」からどのくらい離れているかを示す指標です．

$z = a + bi$（a，b は実数）とします．複素数平面上で z に対応する点Pをとりましょう．このとき，原点OとPの距離は

$$\sqrt{a^2 + b^2}$$

三平方の定理から導かれます．このことは a，b が正でも0でも負でも成り立ちます

です．

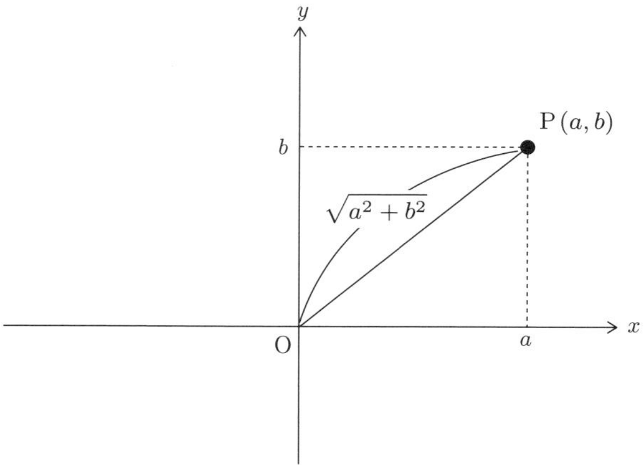

そこで，$z = a + bi$ の絶対値 $|z|$ を

$$|z| = \sqrt{a^2 + b^2}$$

と定めます．

たとえば，$z=3-4i$ ならば，z の絶対値は

$$|z|=|3-4i|=\sqrt{3^2+(-4)^2}=5$$

という具合に計算できます．

特に，実数 x は $x=x+0\cdot i$ と表せますから，x を複素数とみたときの絶対値は

$$\sqrt{x^2+0^2}=\sqrt{x^2}=\begin{cases} x & (x \geqq 0 \text{ のとき}) \\ -x & (x<0 \text{ のとき}) \end{cases}$$

となります． たとえば $x=-3$ ならば，$\sqrt{x^2}=\sqrt{9}=3=-x$ ですね

したがって，実数 x の絶対値は，x を複素数とみたときの絶対値と同じものです．

偏角

0でない複素数 z の実部を a，虚部を b とします．つまり，z は次のように表される複素数です．

$$z=a+bi \tag{2.7}$$

このとき，z の**偏角**とよばれるものを定義します．大まかにいえば，これは，複素数平面上において z に対応する点を考えたとき，実軸の正の向きからどのくらい回った位置にその点があるか，ということを示す指標です．

いま，z の絶対値を r としましょう．

このとき

$$r=|z|=\sqrt{a^2+b^2}$$

が成り立ちますが，ここで

$$a=r\cos\theta, \quad b=r\sin\theta \tag{2.8}$$

を満たす θ を選ぶことができます． 下の図を参照してください

この角度（一般角）θ を z の偏角とよびます．

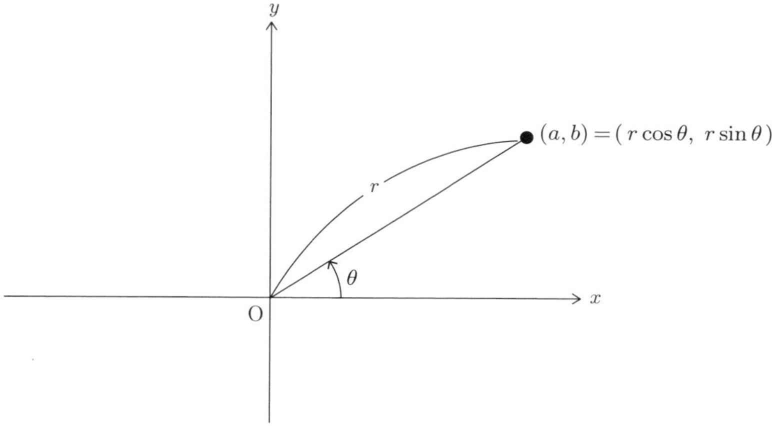

z の偏角を $\arg z$ という記号で表します． 実は，偏角は1通りには定まりませんが，ここではあまり気にしないでください

複素数の極形式表示

式 (2.7) と式 (2.8) を用いると，0でない複素数 z は

$$z = r\cos\theta + ir\sin\theta \quad (r\text{は正の実数，}\theta\text{は実数}) \tag{2.9}$$

という形に表示できることがわかります． このように，虚数単位 i を $r\sin\theta$ の前に書くこともあります

ここで

$$r = |z|, \quad \theta = \arg z$$

です．また，r をくくり出せば

$$z = r(\cos\theta + i\sin\theta) \tag{2.10}$$

とも表されます．

式 (2.9) や式 (2.10) のような表し方を z の**極形式表示**とよびます．

3rd Step 三角関数の加法定理

ここで，三角関数の**加法定理**とよばれる次の定理を述べます．

定理 2.2 加法定理

実数α，βに対して，次のことが成り立つ．

❶ $\sin(\alpha+\beta)=\sin\alpha\cos\beta+\cos\alpha\sin\beta$

❷ $\cos(\alpha+\beta)=\cos\alpha\cos\beta-\sin\alpha\sin\beta$

この定理は一般のα，βに対して成り立ちますが，ここでは

$$0<\alpha<\frac{\pi}{2},\quad 0<\beta<\frac{\pi}{2},\quad 0<\alpha+\beta<\frac{\pi}{2}$$

と仮定して，❶と❷が成り立つことを確認します． 弧度法を用いています

次の図を見てください．

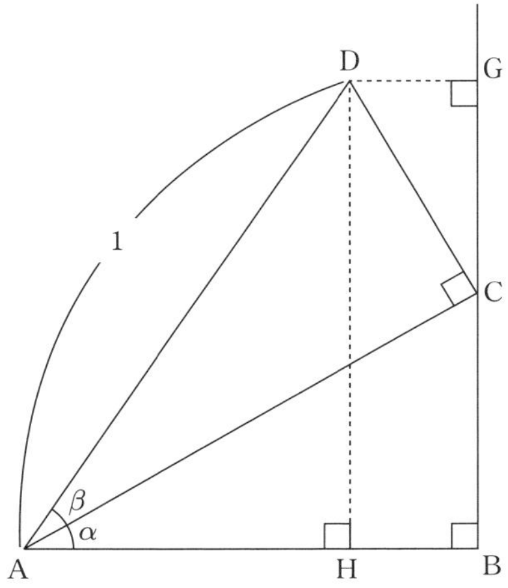

$\triangle$ABC と $\triangle$ACD は直角三角形で

$$\angle\mathrm{ABC}=\angle\mathrm{ACD}=\frac{\pi}{2},\quad \angle\mathrm{BAC}=\alpha,\quad \angle\mathrm{CAD}=\beta$$

となっています．また，辺 AD の長さは1です．点 D から直線 BC に下ろした垂線の足が G，D から直線 AB に下ろした垂線の足が H です．

まず，△ACD に着目すれば

$$\mathrm{CD} = \sin\beta, \quad \mathrm{AC} = \cos\beta$$

が得られます．次に △ABC に着目すれば

$$\mathrm{BC} = \mathrm{AC}\sin\alpha = \sin\alpha\cos\beta, \quad \mathrm{AB} = \mathrm{AC}\cos\alpha = \cos\alpha\cos\beta$$

であることがわかります． 三角比の定義をよく思い出してください

次に ∠DCG を求めましょう．△ABC に着目し，三角形の内角の和が $\pi\,(=180^\circ)$ であることに注意すれば

$$\angle\mathrm{ACB} = \pi - \angle\mathrm{BAC} - \angle\mathrm{ABC} = \frac{\pi}{2} - \alpha$$

が得られます．さらに3点 B，C，G が一直線上にあることを用いれば

$$\angle\mathrm{DCG} = \pi - \angle\mathrm{ACB} - \angle\mathrm{ACD} = \pi - \left(\frac{\pi}{2} - \alpha\right) - \frac{\pi}{2} = \alpha$$

が導かれます．

今度は△CDGに着目しましょう．三角比の定義により

$$\mathrm{DG} = \mathrm{CD}\sin\alpha = \sin\alpha\sin\beta, \quad \mathrm{CG} = \mathrm{CD}\cos\alpha = \cos\alpha\sin\beta$$

が得られます．

これで必要なデータはすべてそろいました．

△ADH に着目すれば

$$\sin(\alpha+\beta) = \mathrm{HD} = \mathrm{BC} + \mathrm{CG} = \sin\alpha\cos\beta + \cos\alpha\sin\beta$$

が導かれます．これは加法定理の❶の式です．

同様に

$$\cos(\alpha+\beta) = \mathrm{AH} = \mathrm{AB} - \mathrm{DG} = \cos\alpha\cos\beta - \sin\alpha\sin\beta$$

がわかります．これが❷の式です．

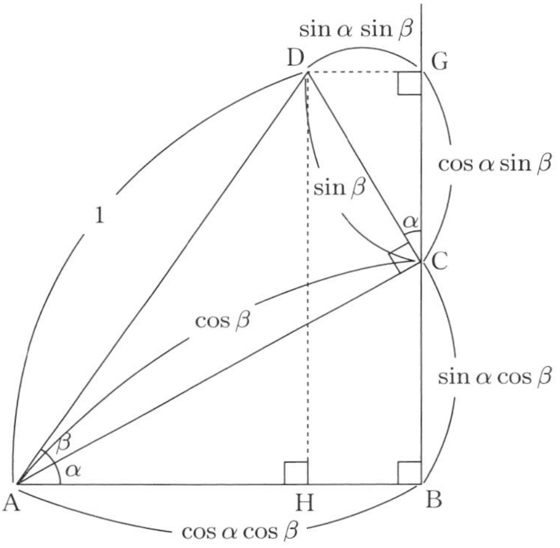

4th Step 複素数の積の幾何学的解釈

複素数の積と絶対値・偏角

2つの複素数をかけたとき，複素数平面上で対応する点にどういうことが起きるのかを考えましょう．そのために，ここでは複素数の極形式表示を用います．

0でない複素数 z, w が次のように表されているとします．

$$z = r(\cos\alpha + i\sin\alpha), \quad w = s(\cos\beta + i\sin\beta)$$

ここで，$r = |z|$, $s = |w|$ です．α, β はそれぞれ z, w の偏角です．

それでは，z と w の積を計算してみましょう．

$$\begin{aligned} zw &= rs(\cos\alpha + i\sin\alpha)(\cos\beta + i\sin\beta) \\ &= rs\{(\cos\alpha\cos\beta - \sin\alpha\sin\beta) + i(\sin\alpha\cos\beta + \cos\alpha\sin\beta)\} \end{aligned}$$

ここで，三角関数の加法定理を思い出します．

$$\cos\alpha\cos\beta - \sin\alpha\sin\beta = \cos(\alpha+\beta)$$
$$\sin\alpha\cos\beta + \cos\alpha\sin\beta = \sin(\alpha+\beta)$$

が成り立っていました．この式を前の式と比べてみましょう．

結局，次の式が成り立つことがわかります．

$$zw = rs\{\cos(\alpha+\beta) + i\sin(\alpha+\beta)\} \tag{2.11}$$

この式から

$$|zw| = rs = |z|\,|w|$$

であることがわかります．また，zw の偏角は z の偏角と w の偏角の和であることもわかります．

Point

- 2つの複素数 z，w をかけたとき，積 zw の絶対値はそれぞれの絶対値 $|z|$，$|w|$の積である．

$$|zw| = |z|\,|w|$$

- zw の偏角は z の偏角と w の偏角の和である．

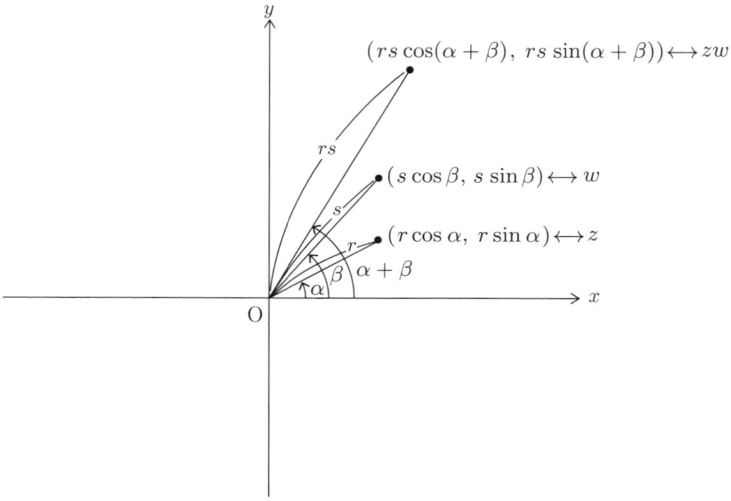

原点のまわりの回転

特に $|w|=1$ のときを考えてみましょう．

このとき，w は

$$w=\cos\beta+i\sin\beta$$

と表されますが，複素数 z に w をかける操作は，複素数平面上で原点のまわりに点を角度 β だけ回転させることに対応します．

この場合，複素数の絶対値は変化せず，偏角が β だけ増えるからです

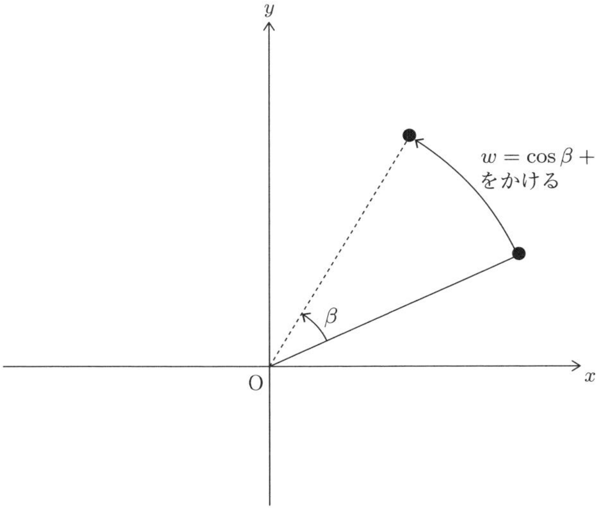

複素数のかけ算の性質を図形の問題に応用することもできます．

次の例題を解いてみましょう．

例題 2.3

点 O を原点とする座標平面上に 2 点 P，Q があります．2 つの線分 OP と OQ は長さが等しく，点 Q は点 P を原点のまわりに反時計回りに角度 $\dfrac{\pi}{6}\,(=30^\circ)$ だけ回転させた点です．点 P の座標が $(4,3)$ であるとき，点 Q の座標を求めなさい．

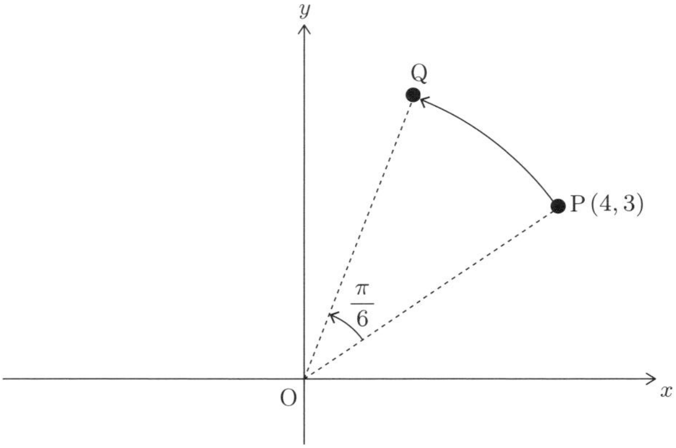

解答

平面を複素数平面とみなし，点 P に対応する複素数を z とします．このとき

$$z = 4 + 3i$$

です．また

$$w = \cos\frac{\pi}{6} + i\sin\frac{\pi}{6} = \frac{\sqrt{3}}{2} + \frac{1}{2}i$$

とおきます．w をかける操作は，複素数平面上で対応する点を $\frac{\pi}{6}$ だけ回転させることに対応します．そこで，zw を計算すると

$$zw = (4+3i)\left(\frac{\sqrt{3}}{2} + \frac{1}{2}i\right) = \left(2\sqrt{3} - \frac{3}{2}\right) + \left(2 + \frac{3\sqrt{3}}{2}\right)i$$

となります．

zw に対応する点が Q であるので，点 Q の座標は

$$\left(2\sqrt{3} - \frac{3}{2},\ 2 + \frac{3\sqrt{3}}{2}\right)$$

です．

「目に見える」ようになった複素数をこんなふうに応用することもできるのです.

まとめ

「複素数平面」という概念を導入し，複素数の絶対値や偏角を定義しました．複素数の加法と乗法を複素数平面上で幾何学的に解釈しました．

Chapter 3

複素数は役に立つ
～「存在」の「状況証拠」

Chapter 3では，「複素数がいろいろなところで役に立っている」ということを述べます．ここに集められた事実は，複素数が「存在する」ことの「状況証拠」のようなものです．

テーマ

3.1 複素数のべき乗とべき根

【教室で】 存在する《TO BE》のか，《OR》しないのか《NOT TO BE》 —それが問題だ

:「複素数平面」というのは面白いね．こうやって目に見える形に表されると，やはり複素数は存在している，という気がしてくるよね

:うーん……．まあ，気分としては，そうだよね

:今度の授業では，三角関数と複素数の関係を利用して，複素数の n 乗や n 乗根を求めるらしいよ

:相変わらず情報が早いね

:そのあとで，「複素数が存在することの状況証拠」のようなものを考えるみたいだけど，そのための準備ってところかな

:複素数は存在するのか，しないのか……．やっぱり，それが大問題だよね

1st Step べき乗の計算

複素数という概念を導入することによって，どのような利点があるのか，ということをこれから述べますが，テーマ3.1では，もう少し準備を進めます．

複素数の四則演算についてはすべに述べました．ここでは，複素数の2

乗，3乗などの計算について考えます．ある数の2乗，3乗，4乗などを総称してべき乗とよびます．

いま，極形式表示を用いて，0でない複素数zを

$$z = r(\cos\alpha + i\sin\alpha) \quad (r \text{ は正の実数，} \alpha \text{ は実数})$$

と表しておきます．このとき，テーマ2.3 の4th Stepで示した式(2.11)により

$$z^2 = r^2(\cos 2\alpha + i\sin 2\alpha)$$

が得られます．また

$$\begin{aligned} z^3 &= z \cdot z^2 \\ &= r(\cos\alpha + i\sin\alpha) \cdot r^2(\cos 2\alpha + i\sin 2\alpha) \\ &= r^3(\cos 3\alpha + i\sin 3\alpha) \end{aligned}$$

も導かれます．

一般にnを自然数とするとき

$$z^n = r^n(\cos n\alpha + i\sin n\alpha) \tag{3.1}$$

が成り立ちます．

2nd Step 1の2乗根と3乗根

z，wを複素数とします．

$z^2 = w$となるとき，zをwの**2乗根**（**平方根**）とよびます．また，$z^3 = w$となるとき，zをwの**3乗根**（**立方根**）とよびます．同様に，4乗根，5乗根などを考えることができます．これらを総称して，**べき根**とよびます．

ここでは，1の2乗根と3乗根について考えます．

1の2乗根は1と-1です．これはどちらも実数ですね．

では，1の3乗根はどうでしょうか．これを求めるために，3次方程式

$$x^3 = 1 \tag{3.2}$$

を解いてみましょう．

まず，公式を1つ用意します．

公式 3.1

$$x^3 - y^3 = (x-y)(x^2 + xy + y^2)$$

実際，この式の右辺を展開すると

$$\begin{aligned}(x-y)(x^2+xy+y^2) &= x^3 + x^2y + xy^2 - x^2y - xy^2 - y^3 \\ &= x^3 - y^3\end{aligned}$$

となるので，公式 3.1 が正しいことが確認できます．

さて，方程式(3.2)は

$$x^3 - 1 = 0$$

と変形できますが，ここで 公式 3.1 を適用すれば，これはさらに

$$(x-1)(x^2+x+1) = 0$$

と変形されます． $y = 1$とおいて 公式 3.1 を用います

したがって

$$x - 1 = 0 \quad \text{または} \quad x^2 + x + 1 = 0$$

となります．

$x - 1 = 0$のとき，$x = 1$です．

また，2次方程式$x^2 + x + 1 = 0$の解は

$$x = \frac{-1 \pm \sqrt{3}\, i}{2}$$

です．

解の公式を用います

結局，1の3乗根は

$$1, \quad \frac{-1 \pm \sqrt{3}\, i}{2}$$

であることがわかりました．

1の2乗根と3乗根を複素数平面上に表示してみましょう．

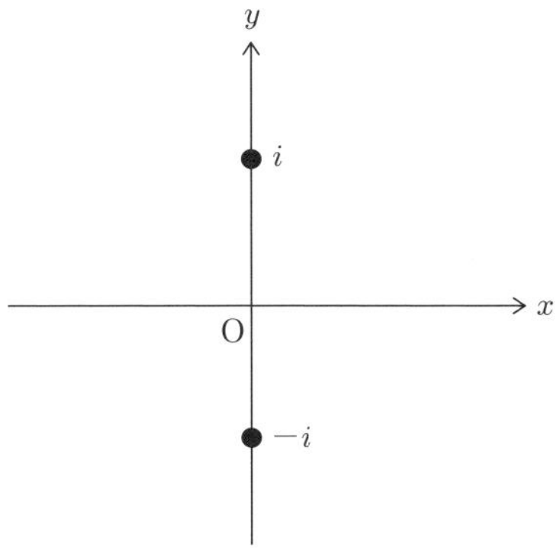

1の2乗根に対応する点

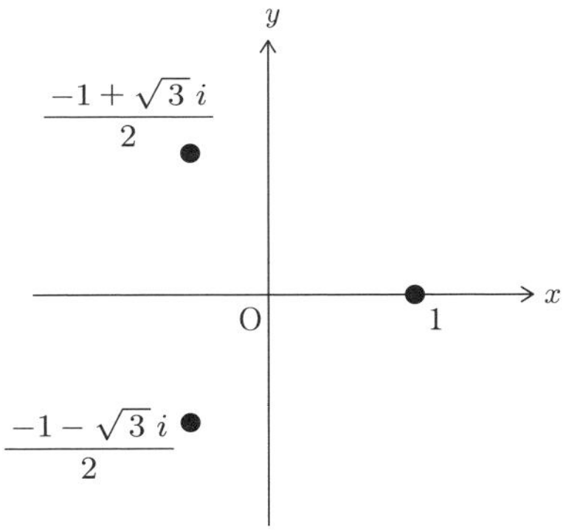

1の3乗根に対応する点

3rd Step 1のn乗根

極形式表示を用いた考察

一般の自然数nに対して，1のn乗根を求めてみましょう．この場合，2nd Stepで示したような方法は使えそうにないので，複素数の極形式表示を用いて考えます．

複素数zが$z^n = 1$を満たすとしましょう．

$z = 0$ならば$z^n = 0 \neq 1$ですね

このとき，$z \neq 0$であることは明らかです．そこで，極形式表示を用いて

$$z = r(\cos\alpha + i\sin\alpha) \quad (r\text{ は正の実数, }\alpha\text{ は実数})$$

とおきます．このとき

$$z^n = r^n(\cos n\alpha + i\sin n\alpha)$$

となります．特に，z^n の絶対値は r^n，偏角は $n\alpha$ です．

いま，$z^n = 1$ ですから，その絶対値は1です．したがって

$$r^n = 1$$

が成り立ちます．ところで，r は正の実数としています．n 乗したときに1となるような正の実数は1だけです．したがって

$$r = 1$$

であることがわかります．すると，このとき

$$z^n = \cos n\alpha + i\sin n\alpha = 1 = 1 + 0 \cdot i$$

であるので

$$\cos n\alpha = 1, \quad \sin n\alpha = 0 \tag{3.3}$$

が成り立ちます．

たとえば

$$\alpha = \frac{2\pi}{n}$$

とすると，$n\alpha = 2\pi\,(= 360^\circ)$ ですから，この α の値は関係式 (3.3) を満たします．

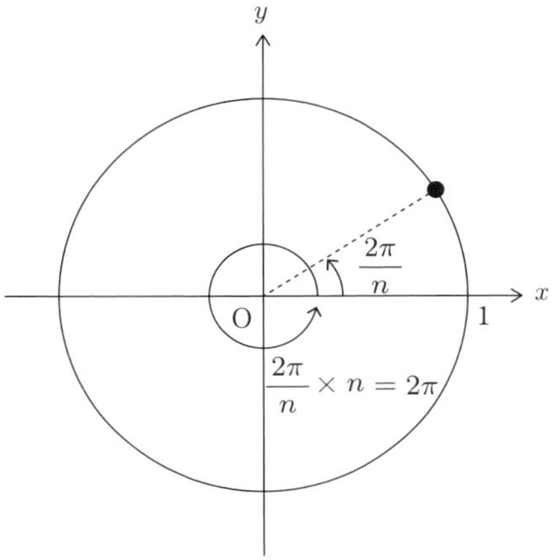

そのほかにも，関係式 (3.3) を満たす α があります．たとえば

$$\alpha = \frac{4\pi}{n}$$

としても，この α の値は関係式 (3.3) を満たします．

このとき，
$n\alpha = 4\pi\ (= 720°)$です

一般に，$\cos\beta = 1$，$\sin\beta = 0$ を満たす一般角 β は

$$\beta = 2k\pi \quad （k \text{ は整数}）$$

という形に表されます．

β は360° の整数倍ですね

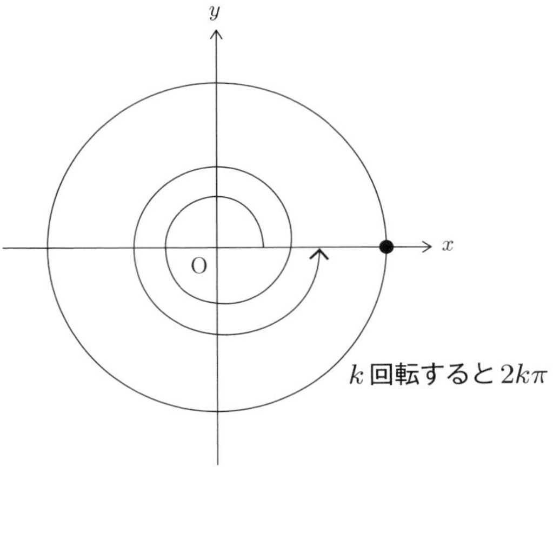

したがって，関係式 (3.3) を満たす α は

$$\alpha = \frac{2k\pi}{n} \quad (k \text{ は整数})$$

という形に表されます．

以上の考察により，$z^n = 1$ を満たす複素数 z は

$$z = \cos\frac{2k\pi}{n} + i\sin\frac{2k\pi}{n} \quad (k \text{ は整数}) \tag{3.4}$$

という形であることがわかりました．

1のn乗根はn個

式 (3.4) によれば，整数 k を選ぶと，それに応じて1の n 乗根が1つ定まるわけです．ただし，整数 k が異なっていても，式 (3.4) が同じ複素数を表すことがあります．

たとえば，$k = 0$ のとき

$$\cos\frac{2k\pi}{n} + i\sin\frac{2k\pi}{n} = \cos 0 + i\sin 0 = 1$$

です．一方，$k = n$ のときも

$$\cos\frac{2k\pi}{n} + i\sin\frac{2k\pi}{n} = \cos 2\pi + i\sin 2\pi = 1$$

です．したがって，$k = 0$ のときと $k = n$ のときに，式 (3.4) は同じ複素数を表しています．

また，$k = 1$ のときと $k = n + 1$ のときも，式 (3.4) は同じ複素数を表します．このことは

$$\cos\frac{2(n+1)\pi}{n} = \cos\left(\frac{2\pi}{n} + 2\pi\right) = \cos\frac{2\pi}{n}$$
$$\sin\frac{2(n+1)\pi}{n} = \sin\left(\frac{2\pi}{n} + 2\pi\right) = \sin\frac{2\pi}{n}$$

という式が成り立つことからわかります．

一般に，整数 k の値が n ずつ増えても，式 (3.4) は同じ複素数を表します．

結局，$z^n = 1$ を満たす複素数 z は次の n 個です．

くわしい説明は省略しますが，わかりますよね！

$$z = \cos\frac{2k\pi}{n} + i\sin\frac{2k\pi}{n} \quad (k = 0,\ 1,\ 2,\ \ldots,\ n-1) \tag{3.5}$$

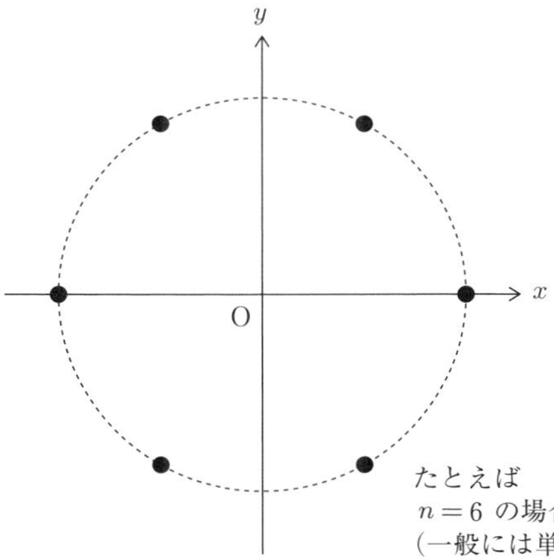

たとえば
$n=6$ の場合，単位円を 6 等分する
（一般には単位円を n 等分する）

2nd Step では，1 の 2 乗根と 3 乗根について考えました．

たとえば 1 の 3 乗根は

$$1, \quad \frac{-1 \pm \sqrt{3}\,i}{2}$$

でしたが，極形式表示を用いれば

$$1 = \cos 0 + i\sin 0$$
$$\frac{-1+\sqrt{3}\,i}{2} = \cos\frac{2}{3}\pi + i\sin\frac{2}{3}\pi$$
$$\frac{-1-\sqrt{3}\,i}{2} = \cos\frac{4}{3}\pi + i\sin\frac{4}{3}\pi$$

と表されることに注意しましょう．これは，式 (3.5) を $n = 3$ の場合に考えたものにほかなりません．

4th Step 一般の複素数の n 乗根

最後に，一般の複素数 w の n 乗根について考えてみましょう．

$w = 0$ のときは，w の n 乗根は0だけです．

そこで，$w \neq 0$ のときを考えます．

n 乗して0になる数は0だけですね

やはり極形式表示を用いて考える

極形式表示を用いて，w を次のように表しましょう．

$$w = s(\cos\beta + i\sin\beta) \quad (s\text{ は正の実数，}\beta\text{ は実数})$$

このとき

$$z^n = w$$

となる複素数 z はどういうものでしょうか？

そこで，z も極形式表示を用いて

$$z = r(\cos\alpha + i\sin\alpha) \quad (r\text{ は正の実数，}\alpha\text{ は実数})$$

と表します．このとき

$$z^n = r^n(\cos n\alpha + i\sin n\alpha)$$

であり，これが w と等しいので

$$r^n = s, \quad \cos n\alpha = \cos\beta, \quad \sin n\alpha = \sin\beta \tag{3.6}$$

が成り立つことがわかります．

絶対値の考察

まず，r について考えましょう．

z の絶対値ですね

s は**正の実数**です．正の実数 s に対しては，その n 乗根のうち，正の実数

であるものがただ1つだけ存在します． くわしい説明は省略します
そしてそれを

$$\sqrt[n]{s}$$

という記号で表します．たとえば，$2^3 = 8$ ですから

$$\sqrt[3]{8} = 2$$

と表すわけです． ただし，$\sqrt[2]{25}$ などは単に $\sqrt{25}$ と表します

いま，r は正の実数であって，$r^n = s$ を満たすので

$$r = \sqrt[n]{s}$$

と表されます．

偏角の考察

次に，α と β の関係を調べましょう． z と w の偏角の関係を調べるわけです

式 (3.6) により

$$\cos n\alpha = \cos\beta, \quad \sin n\alpha = \sin\beta \tag{3.7}$$

が成り立っています．

ところで，三角関数について，次のことが知られています． 三角関数の定め方を考えればわかります

Point

- $\cos\theta = \cos\varphi$ かつ $\sin\theta = \sin\varphi$ が成り立つとき，一般角 θ と φ の間に、次の関係式が成り立つ．

$$\theta - \varphi = 2k\pi \quad (k \text{ は整数})$$

したがって，いまの場合，式 (3.7) により

$$n\alpha - \beta = 2k\pi \quad (k \text{ は整数})$$

という関係式が得られます．このことから

$$\alpha = \frac{\beta + 2k\pi}{n} \quad (k \text{ は整数})$$

が成り立つことがわかります．

w の n 乗根の一般形

以上の考察により，$z^n = w$ を満たす複素数 z は

$$z = \sqrt[n]{s}\left\{\cos\left(\frac{\beta + 2k\pi}{n}\right) + i\sin\left(\frac{\beta + 2k\pi}{n}\right)\right\} \tag{3.8}$$

と表されることがわかりました．

ここで，k は整数ですが，整数 k の値が異なっていても，それらが同じ z を定める場合があります．

そこで，3rd Step と同様の考察をします．式 (3.8) の形から，整数 k の値が n ずつ増えても，式 (3.8) は同じ複素数を表すことが見てとれますね．

結局，w の n 乗根は全部で n 個存在して，それは式 (3.8) の

$$k = 0, 1, 2, \ldots, n-1$$

の場合に対応するものであることがわかります．

次の例題を解いてみましょう．

例題 3.1

1 i の2乗根（平方根）をすべて求めなさい．

2 i の3乗根（立方根）をすべて求めなさい．

解答

i の絶対値は1です．i は極形式表示を用いて

$$i = \cos\frac{\pi}{2} + i\sin\frac{\pi}{2}$$

と表すことができます．

$\cos\dfrac{\pi}{2} = 0, \sin\dfrac{\pi}{2} = 1$です

1

$z^2 = i$を満たす複素数zは，式 (3.8) において

$$s = 1, \quad \beta = \frac{\pi}{2}, \quad n = 2, \quad k = 0, 1$$

とおいたものです．実際に計算すると

$$z = \begin{cases} \cos\dfrac{\pi}{4} + i\sin\dfrac{\pi}{4} = \dfrac{\sqrt{2}}{2} + \dfrac{\sqrt{2}}{2}i & (k = 0 \text{ のとき}) \\ \cos\dfrac{5\pi}{4} + i\sin\dfrac{5\pi}{4} = -\dfrac{\sqrt{2}}{2} - \dfrac{\sqrt{2}}{2}i & (k = 1 \text{ のとき}) \end{cases}$$

となります．したがって，iの2乗根は次の2つです．

$$\frac{\sqrt{2}}{2} + \frac{\sqrt{2}}{2}i, \quad -\frac{\sqrt{2}}{2} - \frac{\sqrt{2}}{2}i$$

2

$z^3 = i$を満たす複素数zは，式 (3.8) において

$$s = 1, \quad \beta = \frac{\pi}{2}, \quad n = 3, \quad k = 0, 1, 2$$

とおいたものです．実際に計算すると

$$z = \begin{cases} \cos\dfrac{\pi}{6} + i\sin\dfrac{\pi}{6} = \dfrac{\sqrt{3}}{2} + \dfrac{1}{2}i & (k = 0 \text{ のとき}) \\ \cos\dfrac{5\pi}{6} + i\sin\dfrac{5\pi}{6} = -\dfrac{\sqrt{3}}{2} + \dfrac{1}{2}i & (k = 1 \text{ のとき}) \\ \cos\dfrac{3\pi}{2} + i\sin\dfrac{3\pi}{2} = -i & (k = 2 \text{ のとき}) \end{cases}$$

となります．したがって，iの3乗根は次の3つです．

$$\frac{\sqrt{3}}{2} + \frac{1}{2}i, \quad -\frac{\sqrt{3}}{2} + \frac{1}{2}i, \quad -i$$

記号についての注意

最後に，n 乗根の記号について注意します．

正の実数 a の n 乗根については，その中に正の実数が1つだけ存在するので，それを $\sqrt[n]{a}$ という記号で表します．

負の実数の2乗根（平方根）についてはテーマ2.1の3rd Stepで取り扱いましたが，そこでは，正の実数 d に対して，1つの決まりごととして

$$\sqrt{-d} = \sqrt{d}\,i$$

と定めたのでした．

しかし，例題 3.1 を見てもわかるように，一般の複素数 w の n 乗根については，その中に際立って特別なものが存在するわけではありません．

そういうわけですので，一般の複素数 w に対しては，$\sqrt[n]{w}$ という記号は使わないことにします．

まとめ

複素数のべき乗やべき根について考えました．

Column オイラーの公式と微分

tを変数とするとき，**オイラーの公式**とよばれる次の式が成り立つことが知られています．

「オイラーの公式」とよばれるものは数多くあります．これはその中の1つです

ここではくわしい説明はできません

$$e^{it} = \cos t + i \sin t$$

ここで，eは**ネイピア数**，あるいは**自然対数の底《てい》**とよばれる次のような実数です．

$$e = 2.71828\ldots$$

いま，オイラーの公式の両辺をtで「微分」することを考えます．すると，右辺の微分は

$$-\sin t + i \cos t = i(\cos t + i \sin t)$$

であると考えられます．

ここも説明は省きます

したがって，次の等式が成り立ちます．

$$\frac{d}{dt}e^{it} = ie^{it}$$

一般に，α，βを複素数とするとき，次の式が成り立ちます．

$$\frac{d}{dt}e^{\alpha t+\beta} = \alpha e^{\alpha t+\beta}$$

この式は，交流回路を流れる電流を求める問題を考えるときにも使われます．

次のColumnをご覧ください

テーマ 3.2

数列と複素数

【教室で】 複素数でしか表し得ない事実

：今度の授業は「数列」の話をするらしいよ

：相変わらず耳が早いね

：実数の数列の一般項を表そうとしたときに，どうしても複素数が必要になることがあるらしい

：「複素数でしか表し得ない実数列の一般項」というわけだね

：「犯人しか知り得ない事実」を知っている人間は，ほぼ犯人に間違いないよね．「複素数でしか表し得ない事実」があるなら，やっぱり複素数は存在している，ということになる……

：うーん……

1st Step フィボナッチ数列

数列

次のように数が並んでいます．

$$1,\ 1,\ 2,\ 3,\ 5,\ 8,\ 13,\ 21,\ 34,\ 55,\ 89,\ \ldots \tag{3.9}$$

一般に，このようなものを**数列**といいます．数列のいちばん左にある数を**第1項**，または**初項**といい，そのすぐ右の数を**第2項**といいます．そのあとも，**第**

3項，**第4項**……と続いていきます．n 番目の数は**第 n 項**です（n は自然数）．

数列の第 n 項を表すのに，アルファベットの小文字に添え字を付けた a_n，b_n といった記号がよく用いられます．

ここでは，数列 (3.9) の第 n 項を a_n と表すことにしましょう．

$$a_1 = 1, \quad a_2 = 1, \quad a_3 = 2, \quad a_4 = 3, \quad a_5 = 5, \ldots$$

というわけです．

漸化式

この数列 (3.9) は，ある規則にしたがって並んでいます．それは，隣り合う2つの項を加えた和がその次の項と等しいという規則です．つまり

$$a_{n+2} = a_{n+1} + a_n \quad (n = 1, 2, 3, 4, \ldots) \tag{3.10}$$

という関係式が成り立っています．実際

$$\begin{aligned} a_3 &= 2 = 1 + 1 = a_2 + a_1 \\ a_4 &= 3 = 2 + 1 = a_3 + a_2 \\ a_5 &= 5 = 3 + 2 = a_4 + a_3 \end{aligned}$$

などが成り立っています．

一般に，このような関係式を**漸化式**《ぜんかしき》とよびます．特に，いまの場合のような，3つの項の間に成り立つ漸化式は，**3項間の漸化式**ともよばれます．

3項間の漸化式が与えられ，数列の第1項と第2項が与えられると，そこから第3項が定まります．すると，第2項と第3項から第4項が定まり，第3項と第4項から第5項が定まり……という具合に，数列のすべての項が順に定まります．

フィボナッチ数列の一般項

数列 (3.9) には**フィボナッチ数列**という名前が付いています．

これは有名な数列ですから，名前を知っている方も多いと思います

$a_1=1$，$a_2=1$ であり，漸化式 (3.10) が成り立つ数列がフィボナッチ数列です．

初項と第2項を特に定めず，漸化式 (3.10) が成り立つ数列をすべてフィボナッチ数列とよぶこともあります

それでは，フィボナッチ数列の第 n 項 a_n を n についての式で表すことはできるのでしょうか？

一般に，ある数列のすべての項を表す式などを求めることを，その数列の**一般項を求める**といいます．

実は，フィボナッチ数列の一般項は次の式で与えられることが知られています．

$$a_n=\frac{1}{\sqrt{5}}\left\{\left(\frac{1+\sqrt{5}}{2}\right)^n-\left(\frac{1-\sqrt{5}}{2}\right)^n\right\} \tag{3.11}$$

たとえば，$n=1$ のとき，式 (3.11) の右辺は

$$\frac{1}{\sqrt{5}}\left(\frac{1+\sqrt{5}}{2}-\frac{1-\sqrt{5}}{2}\right)=1$$

であり，$n=2$ のときは

$$\begin{aligned}&\frac{1}{\sqrt{5}}\left\{\left(\frac{1+\sqrt{5}}{2}\right)^2-\left(\frac{1-\sqrt{5}}{2}\right)^2\right\}\\ =&\frac{1}{\sqrt{5}}\left(\frac{3+\sqrt{5}}{2}-\frac{3-\sqrt{5}}{2}\right)=1\end{aligned}$$

であり，それぞれ，第1項，第2項の値と一致します．

一般に式 (3.11) が成り立つことの証明は後述しますが，ここで注意しておきたいポイントは次のことです．

このあとの3rd Stepで一般論を説明します

Point

- フィボナッチ数列の項はすべて整数である．
- しかし，一般項を式で表そうとすると，次の無理数が必要である．

$$\sqrt{5},\quad \frac{1+\sqrt{5}}{2},\quad \frac{1-\sqrt{5}}{2}$$

- この場合，**整数を表すために無理数が必要である！**

2nd Step 2次方程式の解と係数の関係

3項間の漸化式を満たす数列の一般項について考える前に，少し準備をしましょう．

2次方程式

$$ax^2 + bx + c = 0 \qquad (a \neq 0)$$

を考えます．ただし，a，b，c は実数とします．この方程式の解を α，β とすると

> α，β は虚数でもかまいません．また，方程式が重解をもつ場合は $\alpha = \beta$ と考えます

$$\alpha + \beta = -\frac{b}{a}, \quad \alpha\beta = \frac{c}{a}$$

という関係式が成り立つことが知られています．この関係式は**解と係数の関係**とよばれます．

計算を簡単にするため，ここでは $a = 1$ の場合を考えましょう．

2次方程式

$$x^2 + bx + c = 0 \tag{3.12}$$

の解を α，β とします．このとき，解と係数の関係は

$$\alpha + \beta = -b, \quad \alpha\beta = c \tag{3.13}$$

と表されます．この式が成り立つことを計算によって確かめてみましょう．

テーマ1.1の4th Step **公式 1.4** において $a = 1$ とおけば，方程式(3.12)の解は

$$x = \frac{-b \pm \sqrt{b^2 - 4c}}{2}$$

と表されることがわかります．ここで，判別式を D とすると

$$D = b^2 - 4c$$

であり，方程式の解は

$$x = \frac{-b \pm \sqrt{D}}{2}$$

とも表されます．そこで

$$\alpha = \frac{-b + \sqrt{D}}{2}, \quad \beta = \frac{-b - \sqrt{D}}{2}$$

とおき，$\alpha + \beta$, $\alpha\beta$ を計算してみましょう．

まず，$\alpha + \beta$ は次のように計算されます．

$$\alpha + \beta = \frac{(-b + \sqrt{D}) + (-b - \sqrt{D})}{2} = -b$$

それでは，$\alpha\beta$ についてはどうでしょうか？

テーマ2.1の2nd Step 公式 2.1 を用いると

$$\alpha\beta = \frac{(-b + \sqrt{D})(-b - \sqrt{D})}{4} = \frac{(-b)^2 - (\sqrt{D})^2}{4} = \frac{b^2 - D}{4}$$

が得られます．

> 公式 2.1 において，$x = -b$, $a = \sqrt{D}$ とおけばよいですね

ここで，$D = b^2 - 4c$ であったことに注意すると

$$\alpha\beta = \frac{b^2 - (b^2 - 4c)}{4} = c$$

が成り立つことがわかります．

こうして，式(3.13)が確かめられました．

> このような計算によらずに証明する方法もありますが，ここでは述べません

3rd Step 3項間の漸化式を満たす数列の一般項

3項間の漸化式を満たす数列

p, qを実数とします．実数の数列

$$a_1,\ a_2,\ a_3,\ a_4,\ a_5,\ \ldots$$

について，次の漸化式が成り立つとします．

$$a_{n+2} = pa_{n+1} + qa_n \quad (n = 1, 2, 3, \ldots) \tag{3.14}$$

初項a_1と第2項a_2が定まれば，漸化式(3.14)によって，a_3，a_4，$a_5, \ldots$の値が順次定まります．そこで

$$a_1 = b, \quad a_2 = c$$

とします．

たとえば，$p = q = b = c = 1$のときは，この数列は1st Stepで述べたフィボナッチ数列です．

2次方程式の解を利用して一般項を求める

このような数列の一般項を求めるにあたって，2次方程式

$$x^2 - px - q = 0$$

を考え，この方程式が2つの異なる解α，βをもつと仮定します．

これから説明する方法は，$\alpha = \beta$の場合には使えません

このとき，2nd Stepで述べた「解と係数の関係」を表す式(3.13)により

$$\alpha + \beta = p, \quad \alpha\beta = -q \tag{3.15}$$

が成り立ちます．

式(3.13)において，$b = -p$, $c = -q$とすればよいですね

このことを用いると，漸化式(3.14)は次のように表されます．

$$a_{n+2} = (\alpha + \beta)a_{n+1} - \alpha\beta a_n \quad (n = 1, 2, 3, \ldots) \tag{3.16}$$

さらに，この式は次のように変形できます．

式 (3.17) から式 (3.16) が簡単に導けますね

$$a_{n+2} - \beta a_{n+1} = \alpha(a_{n+1} - \beta a_n) \quad (n = 1, 2, 3, \ldots) \tag{3.17}$$

この式 (3.17) から何がわかるでしょうか？

$a_{n+1} - \beta a_n$ に着目しましょう．$n = 1$ のとき

$$a_{n+1} - \beta a_n = a_2 - \beta a_1 = c - \beta b$$

です．そして，n の値が1増えるたびに $a_{n+1} - \beta a_n$ は α 倍になるということが，式 (3.17) からわかります．したがって，$a_{n+1} - \beta a_n$ は $a_2 - \beta a_1\ (= c - \beta b)$ の α^{n-1} 倍です．

添え字に注意して，落ち着いて考えてください

つまり

$$a_{n+1} - \beta a_n = \alpha^{n-1}(c - \beta b) \tag{3.18}$$

が成り立ちます．

一方，式 (3.16) は次のように変形することもできます．

式 (3.17) の α と β の役割を入れ換えたものです

$$a_{n+2} - \alpha a_{n+1} = \beta(a_{n+1} - \alpha a_n) \quad (n = 1, 2, 3, \ldots)$$

この式によれば，n の値が1増えるたびに $a_{n+1} - \alpha a_n$ は β 倍になるので，$a_{n+1} - \alpha a_n$ は $a_2 - \alpha a_1\ (= c - \alpha b)$ の β^{n-1} 倍です．したがって，次の式が得られます．

$$a_{n+1} - \alpha a_n = \beta^{n-1}(c - \alpha b) \tag{3.19}$$

次に，式 (3.18) から式 (3.19) を辺々引いてみましょう．すると，次の式が得られます．

左辺の a_{n+1} が消えますね

$$(\alpha - \beta)a_n = \alpha^{n-1}(c - \beta b) - \beta^{n-1}(c - \alpha b)$$

したがって

$$a_n = \frac{c-\beta b}{\alpha-\beta}\alpha^{n-1} - \frac{c-\alpha b}{\alpha-\beta}\beta^{n-1} \quad (n=1,\ 2,\ 3,\ \ldots) \qquad (3.20)$$

が得られます．これがこの数列の一般項を表す式です．

覚える必要はありません

この式は複雑に見えますが

$$a_n = A\alpha^{n-1} + B\beta^{n-1} \quad （A,\ B \text{ は } n \text{ によらない定数}）$$

という形であることに注意しましょう．

フィボナッチ数列の一般項を求める

それでは，フィボナッチ数列の一般項を求めてみましょう．

漸化式 (3.14) において $p=q=1$ とおき，さらに

$$a_1 = b = 1, \quad a_2 = c = 1$$

とおいて得られる数列がフィボナッチ数列でした．

そこで，2次方程式

$$x^2 - x - 1 = 0$$

を解きます．解は

$$x = \frac{1 \pm \sqrt{5}}{2}$$

であるので

$$\alpha = \frac{1+\sqrt{5}}{2}, \quad \beta = \frac{1-\sqrt{5}}{2}$$

とおいて，これを式 (3.20) に代入すれば一般項が求められます．

いまの場合

$$\alpha - \beta = \sqrt{5}$$

$$c - \beta b = 1 - \frac{1 - \sqrt{5}}{2} = \frac{1 + \sqrt{5}}{2}$$

$$c - \alpha b = 1 - \frac{1 + \sqrt{5}}{2} = \frac{1 - \sqrt{5}}{2}$$

が成り立ちます．したがって，一般項は

$$\begin{aligned} a_n &= \frac{1}{\sqrt{5}} \times \frac{1 + \sqrt{5}}{2} \times \left(\frac{1 + \sqrt{5}}{2} \right)^{n-1} \\ &\qquad - \frac{1}{\sqrt{5}} \times \frac{1 - \sqrt{5}}{2} \times \left(\frac{1 - \sqrt{5}}{2} \right)^{n-1} \\ &= \frac{1}{\sqrt{5}} \left\{ \left(\frac{1 + \sqrt{5}}{2} \right)^n - \left(\frac{1 - \sqrt{5}}{2} \right)^n \right\} \end{aligned}$$

となります．

こうして，1st Stepの式(3.11)が証明できました．

4th Step 虚数を用いて実数列の一般項を表す

次の例題を解いてみましょう．

例題 3.2

数列 a_1 , a_2 , a_3, ... は次の漸化式を満たします．

$$a_{n+2} = a_{n+1} - 2a_n \quad (n = 1, 2, 3, \ldots)$$

また，$a_1 = 2$，$a_2 = 1$ です．この数列の一般項を求めなさい．

解答

2次方程式

$$x^2 - x + 2 = 0$$

の解は

$$x = \frac{1 \pm \sqrt{7}\,i}{2}$$

です．そこで

$$\alpha = \frac{1+\sqrt{7}\,i}{2}, \quad \beta = \frac{1-\sqrt{7}\,i}{2}, \quad b = a_1 = 2, \quad c = a_2 = 1$$

とおいて，3rd Step の式 (3.20) を適用します．

いまの場合

$$\begin{aligned} \alpha - \beta &= \sqrt{7}\,i \\ c - \beta b &= 1 - \frac{1-\sqrt{7}\,i}{2} \times 2 = \sqrt{7}\,i \\ c - \alpha b &= 1 - \frac{1+\sqrt{7}\,i}{2} \times 2 = -\sqrt{7}\,i \end{aligned}$$

という計算から

$$\frac{c-\beta b}{\alpha-\beta} = 1, \quad \frac{c-\alpha b}{\alpha-\beta} = -1$$

が得られます．したがって，この数列の一般項は次のように表されます．

$$a_n = \left(\frac{1+\sqrt{7}\,i}{2}\right)^{n-1} + \left(\frac{1-\sqrt{7}\,i}{2}\right)^{n-1} \quad (n = 1,\ 2,\ 3,\ \ldots) \tag{3.21}$$

例題 3.2 を振り返ってみましょう．

この数列は

$$2,\ 1,\ -3,\ -5,\ 1,\ 11,\ 9,\ \ldots$$

と続いていきます．すべての項は実数です．

特に，このような数列を実数列とよぶことがあります

しかし，最終的に得られた一般項の式 (3.21) には2つの虚数

$$\frac{1+\sqrt{7}\,i}{2}, \quad \frac{1-\sqrt{7}\,i}{2}$$

が含まれています．つまり……

Point

- 実数列の一般項を表す式に虚数が必要となることがある！

……というわけです．

さて，読者の皆さん！

虚数は単に想像上の数（imaginary number）なのでしょうか？

まとめ

フィボナッチ数列をはじめとして，3項間の漸化式を満たす数列の一般項を考察しました．そして，実数列の一般項を表すのに虚数が必要となる例を述べました．

Column 電気回路と複素数

工学の場面でも複素数が使われます．

交流電源に抵抗 R とコイル（自己インダクタンス L）がつながった直列回路に流れる電流 $I(t)$（t は時刻）は，次のような微分方程式を満たします（V は電圧の実効値の $\sqrt{2}$ 倍，ω は角周波数）．

記号は通常のものとは異なります

$$RI(t) + L\frac{dI(t)}{dt} = V\sin\omega t$$

このとき，$I(t)$ は定数 I と φ を用いて

I は電流の実効値の $\sqrt{2}$ 倍です．φ は位相差とよばれる定数です

$$I(t) = I\sin(\omega t + \varphi)$$

という形に表されることが知られていますが，ここで

$$\hat{V}(t) = Ve^{i\omega t}, \quad \hat{I}(t) = Ie^{i(\omega t+\varphi)}$$

とおき，次の微分方程式を考えます．

これらは複素数の値をとる関数で，その虚部がもとのデータです

$$R\hat{I}(t) + L\frac{d\hat{I}(t)}{dt} = \hat{V}(t)$$

このとき，$\dfrac{d\hat{I}(t)}{dt} = i\omega\hat{I}(t)$ であるので

前の Column で述べた微分の式を使います

$$\hat{I}(t) = \frac{\hat{V}(t)}{R + i\omega L}$$

が成り立ちます．

こうして $\hat{I}(t)$ が計算でき，その虚部を見れば電流 $I(t)$ が求められます．

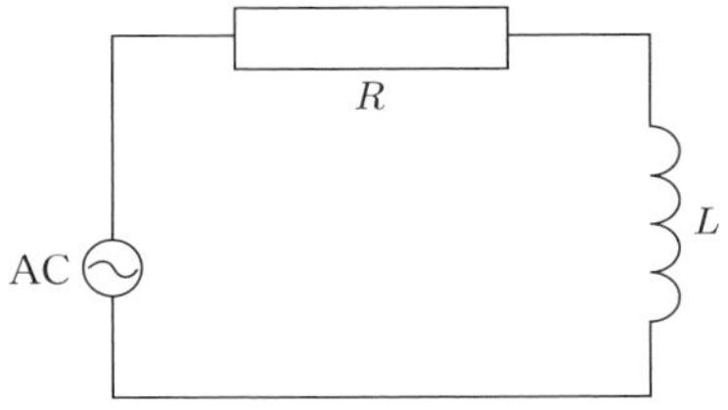

テーマ 3.3

3次方程式の解の公式と複素数

【教室で】 役に立つなら，あってほしい

：虚数を導入して，数の概念を複素数にまでひろげると，数列の一般項を表す式がうまく書けたりする．これって，すごいことだよね

：確かにそう思う．複素数は役に立つ．でも…….いや，だからこそ，複素数が本当にあるのかどうかが気になるんだ．役に立つなら，あってほしい．……複素数が存在するということを，一度きちんと納得したいんだ

：ところで，今度の授業は3次方程式の話らしいよ．この話が複素数の導入を決定的にしたのだそうだ

：それなら，とにかく授業を聞こう

1st Step 3次方程式の形を簡単にする

次のような方程式を3次方程式といいます．

$$2x^3 - 5x^2 - 3x + 7 = 0 \tag{3.22}$$

これから3次方程式の解法について説明しますが，話を簡単にするため，あらかじめ方程式の形を簡単にすることを考えます．

x^3 の係数を1にする

まず，式(3.22)のような方程式の x^3 の係数を1にすることを考えます．それには，両辺を x^3 の係数で割ればよいですね．

式(3.22)の両辺を2で割ると

$$x^3 - \frac{5}{2}x^2 - \frac{3}{2}x + \frac{7}{2} = 0 \tag{3.23}$$

という方程式に変形されます．x^3 の係数が1になりました．

公式を1つ

次に公式を1つ用意します．

公式 3.2

$$(a+b)^3 = a^3 + 3a^2b + 3ab^2 + b^3$$

この公式は次のような計算によって確かめられます．

途中，テーマ1.1の1st Stepの中の **公式 1.2** を使っています

$$\begin{aligned}(a+b)^3 &= (a+b)(a+b)^2 \\ &= (a+b)(a^2+2ab+b^2) \\ &= a^3 + 2a^2b + ab^2 + a^2b + 2ab^2 + b^3 \\ &= a^3 + 3a^2b + 3ab^2 + b^3\end{aligned}$$

2次の項を消す

さて，方程式(3.23)の x^2 の係数は $-\frac{5}{2}$ ですが，それを3で割ったものは $-\frac{5}{6}$ です．そこで，この数を用いて

$$x - \frac{5}{6} = y$$

とおきます．このとき，$x = y + \frac{5}{6}$ ですが，これを方程式(3.23)に代入すると，文字 y についての方程式が得られます．それはどんな形をしているで

しょうか？

細かい計算は抜きにして，3次の項と2次の項だけに着目しましょう．

公式 3.2 と **公式 1.2** によれば

$$x^3 = \left(y + \frac{5}{6}\right)^3 = y^3 + \frac{5}{2}y^2 + (1\text{ 次以下の項})$$

$$x^2 = \left(y + \frac{5}{6}\right)^2 = y^2 + (1\text{ 次以下の項})$$

という形の式が成り立ちます．したがって，方程式(3.23)の左辺は

$$\begin{aligned} & x^3 - \frac{5}{2}x^2 + (1\text{ 次以下の項}) \\ &= y^3 + \frac{5}{2}y^2 - \frac{5}{2}\, y^2 + (1\text{ 次以下の項}) \\ &= y^3 + (1\text{ 次以下の項}) \end{aligned}$$

と変形されます．2次の項が消えました！

$x^3-3px-2q=0$という形に帰着

一般に，3次方程式の変数をうまく変換すると

$$y^3 + ay + b = 0$$

という形の3次方程式に変形することができます．

ここで，未知数yをあらためてxとおき直し，今後の計算の都合上

$$p = -\frac{a}{3}, \quad q = -\frac{b}{2}$$

とおきます．すると，$a = -3p$, $b = -2q$ですので，方程式は

$$x^3 - 3px - 2q = 0$$

という形に変形されます．

2nd Step　カルダーノの方法

p，qを実数とし，3次方程式

$$x^3 - 3px - 2q = 0 \tag{3.24}$$

を考えます．この方程式の解を見つける方法として，**カルダーノの方法**というものを紹介します．

カルダーノの方法の発想

大まかにいうと，カルダーノの方法は，uとvをうまく定めて

$$x = u + v$$

が方程式(3.24)の解になるようにする，というものです．

とにかく1つ解を見つけてしまおう，という発想です

実際に$x = u + v$を方程式(3.24)に代入すると

$$(u+v)^3 - 3p(u+v) - 2q = 0$$

となります．ここで，1st Stepの 公式 3.2 を使って，この式の左辺を次のように変形します．

$$\begin{aligned}(u+v)^3 - 3p(u+v) - 2q &= u^3 + 3u^2v + 3uv^2 + v^3 - 3p(u+v) - 2q \\ &= u^3 + v^3 + 3uv(u+v) - 3p(u+v) - 2q \\ &= (u^3 + v^3 - 2q) + 3(uv - p)(u+v)\end{aligned}$$

したがって，次の式が得られます．

$$(u^3 + v^3 - 2q) + 3(uv - p)(u+v) = 0 \tag{3.25}$$

そこで，次のように考えます．

Point

- 「$u^3 + v^3 = 2q$ かつ $uv = p$」を満たすように u，v を定めれば，式(3.25)が成り立つ．
- このとき，$x = u + v$ は方程式(3.24)の解である．

u, v を定める

そこで，次の2つの式を満たす u，v を見つけます．

$$u^3 + v^3 = 2q \tag{3.26}$$

$$uv = p \tag{3.27}$$

いま，式(3.27)の両辺を3乗します．すると

$$u^3 v^3 = p^3 \tag{3.28}$$

が得られます．

あらためて，式(3.26)と式(3.28)を並べると

$$u^3 + v^3 = 2q, \quad u^3 v^3 = p^3$$

となります．

ここで，テーマ3.2の2nd Stepで述べた「2次方程式の解と係数の関係」を思い出しましょう．いま得られた式をテーマ3.2の2nd Stepの式(3.13)と比べると，次のことがわかります．

Point

- 2次方程式

$$t^2 - 2qt + p^3 = 0 \tag{3.29}$$

の解が u^3，v^3 であるようにすれば，解と係数の関係により，式(3.26)と式(3.28)が成り立つ．

もとの方程式と区別するため，未知数を t としました

テーマ1.1の4th Step **公式 1.4** により，2次方程式(3.29)の解は

$$t = \frac{2q \pm \sqrt{4q^2 - 4p^3}}{2} = q \pm \sqrt{q^2 - p^3}$$

です．そこで，α，βを

$$\alpha = q + \sqrt{q^2 - p^3}, \quad \beta = q - \sqrt{q^2 - p^3}$$

と定め，u，vをそれぞれα，βの3乗根とすれば，u，vは式(3.26)と式(3.28)を満たします．

注意とまとめ

ここで，1つ注意があります．

$x = u + v$が最初に与えられた方程式(3.24)の解であるためには，式(3.26)と式(3.28)が成り立つだけでは不十分です．式(3.26)と式(3.27)が成り立つ必要があります．

$u^3 v^3 = p^3$となるようにu，vを選んだわけですが，その際に，さらに

$$uv = p$$

を満たしていなければなりません．

> このことは3乗根の選び方にかかわります．このあと，例題を解きながら説明しましょう

カルダーノの方法について，まとめましょう．

Point

- u，vをそれぞれ

$$q + \sqrt{q^2 - p^3}, \quad q - \sqrt{q^2 - p^3}$$

　の3乗根とする．

- その際，$uv = p$が成り立つようにする．
- このとき，$x = u + v$は3次方程式(3.24)の解である．

3rd Step $x^3-3x-4=0$ を解く

次の例題を考えてみましょう．

例題 3.3

カルダーノの方法を用いて，3次方程式

$$x^3-3x-4=0 \tag{3.30}$$

を解きなさい．

解答

方程式 (3.30) は2nd Stepで考えた方程式 (3.24) において

$$p=1, \quad q=2$$

としたものです． $3p=3$, $2q=4$ ですね

そこで，方程式 (3.29) において $p=1$, $q=2$ として得られた2次方程式

$$t^2-4t+1=0$$

を解くと，解は

$$t=2\pm\sqrt{3}$$

です．そこで

$$\alpha=2+\sqrt{3}, \quad \beta=2-\sqrt{3}$$

とおき，これらの3乗根をそれぞれ u, v とします．

ここで，テーマ3.1の4th Stepで述べたことを思い出します．

n を自然数とするとき，極形式表示を用いて

$$w = s(\cos\beta + i\sin\beta) \quad (s\text{は正の実数，}\beta\text{は実数})$$

と表された複素数 w の n 乗根 z は，次の式(3.8)のように表されました．

$$z = \sqrt[n]{s}\left\{\cos\left(\frac{\beta+2k\pi}{n}\right) + i\sin\left(\frac{\beta+2k\pi}{n}\right)\right\}$$

ここで，$k = 0, 1, 2, \ldots, n-1$ です．

このことをいまの場合に適用します．

まず，α の3乗根を求めましょう．

α は正の実数です．α の絶対値は $2+\sqrt{3}$，偏角は0です．そこで

$$n = 3, \quad s = 2+\sqrt{3}, \quad \beta = 0$$

に対して式(3.8)を適用することにより，α の3乗根は

$$\sqrt[3]{2+\sqrt{3}}\left(\cos\frac{2k\pi}{3} + i\,\sin\frac{2k\pi}{3}\right) \quad (k = 0,\ 1,\ 2)$$

と表されることがわかります．

ここで，記号を簡単にするため，ω という複素数を

「オメガ」と読みます

$$\omega = \cos\frac{2\pi}{3} + i\,\sin\frac{2\pi}{3} = -\frac{1}{2} + \frac{\sqrt{3}}{2}\,i$$

と定めます．すると

$$\omega^2 = \cos\frac{4\pi}{3} + i\,\sin\frac{4\pi}{3} = -\frac{1}{2} - \frac{\sqrt{3}}{2}\,i$$

です．ω も ω^2 も1の3乗根です．

このように考えると，結局，α の3乗根は3つあって，それは

$$\sqrt[3]{2+\sqrt{3}},\quad \sqrt[3]{2+\sqrt{3}}\ \omega,\quad \sqrt[3]{2+\sqrt{3}}\ \omega^2$$

と表されることがわかります．

> そのような実数は1つしかありません

$\sqrt[3]{2+\sqrt{3}}$ は3乗すると $2+\sqrt{3}$ になる実数であり，それに ω や ω^2 をかけたものも $2+\sqrt{3}$ の3乗根である，

> こちらは虚数です

というわけです．

同様に，β の3乗根も求めることができます．それは

$$\sqrt[3]{2-\sqrt{3}},\quad \sqrt[3]{2-\sqrt{3}}\ \omega,\quad \sqrt[3]{2-\sqrt{3}}\ \omega^2$$

と表されます．

> $2-\sqrt{3}$ もまた正の実数ですので，同じように考えることができます

カルダーノの方法によれば，u，v をそれぞれ α，β の3乗根とすれば，$x=u+v$ が3次方程式(3.30)の解である，というわけですが，ここで

$$uv=p=1$$

となるように u, v を選ぶ必要があります．

まず

$$u=\sqrt[3]{2+\sqrt{3}},\quad v=\sqrt[3]{2-\sqrt{3}}$$

とすると，次の計算によって，$uv=1$ であることが確かめられます．

$$\begin{aligned} uv &= \sqrt[3]{2+\sqrt{3}}\times\sqrt[3]{2-\sqrt{3}} \\ &= \sqrt[3]{(2+\sqrt{3})(2-\sqrt{3})} \\ &= \sqrt[3]{1}=1 \end{aligned}$$

したがって

$$x=\sqrt[3]{2+\sqrt{3}}+\sqrt[3]{2-\sqrt{3}} \tag{3.31}$$

は3次方程式(3.30)の解です．

今度はu, vを次のように選びます.

$$u = \sqrt[3]{2+\sqrt{3}}\ \omega, \quad v = \sqrt[3]{2-\sqrt{3}}\ \omega^2$$

この場合も, $uv = 1$となることが確かめられます. したがって

$\omega \times \omega^2 = \omega^3 = 1$ に注意しましょう

$$x = \sqrt[3]{2+\sqrt{3}}\ \omega + \sqrt[3]{2-\sqrt{3}}\ \omega^2 \tag{3.32}$$

も3次方程式(3.30)の解です.

また

$$u = \sqrt[3]{2+\sqrt{3}}\ \omega^2, \quad v = \sqrt[3]{2-\sqrt{3}}\ \omega$$

とおいても$uv = 1$となるので

$$x = \sqrt[3]{2+\sqrt{3}}\ \omega^2 + \sqrt[3]{2-\sqrt{3}}\ \omega \tag{3.33}$$

も3次方程式(3.30)の解であることがわかります.

こうして3種類の解が見つかりましたが, 一般に, 3次方程式の解は3個以下ですので, 結局, 方程式(3.30)の解がすべて求められたことになります. 解は(3.31), (3.32), (3.33)の3つです.

理由の説明は省略します

例題 3.3 を振り返ってみましょう. カルダーノの方法を用いて, 解が3つ求められました. そのうち, (3.31)は実数解です. (3.32)と(3.33)は虚数解です.

実数解が1個と虚数解が2個得られた, というわけです.

4th Step $x^3-3x=0$ を解く

今度は次の例題を解いてみましょう．

例題 3.4

カルダーノの方法を用いて，3次方程式

$$x^3-3x=0 \tag{3.34}$$

を解きなさい．

解答

方程式(3.34)は，2nd Stepの方程式(3.24)において

$$p=1,\quad q=0$$

とおいたものです．

そこで，方程式(3.29)において $p=1$，$q=0$ とおいて得られた2次方程式

$$t^2+1=0$$

を解くと，解は

$$t=\pm i$$

です．

さて，テーマ3.1の4th Step **例題 3.1** で考察したように，i の3乗根は次の3つです．

$$\frac{\sqrt{3}}{2}+\frac{1}{2}i,\quad -\frac{\sqrt{3}}{2}+\frac{1}{2}i,\quad -i$$

また，$-i$ の3乗根は次の3つです．

$(-1)^3=-1$ ですので，i の3乗根を (-1) 倍すると $-i$ の3乗根が得られます

$$-\frac{\sqrt{3}}{2}-\frac{1}{2}i, \quad \frac{\sqrt{3}}{2}-\frac{1}{2}i, \quad i$$

i の3乗根 u と $-i$ の3乗根 v の組み合わせはいろいろありますが，その中で

$$uv = p = 1$$

となる組み合わせは次の3通りです．

ア $u = -i, \quad v = i$

イ $u = \dfrac{\sqrt{3}}{2}+\dfrac{1}{2}i, \quad v = \dfrac{\sqrt{3}}{2}-\dfrac{1}{2}i$

ウ $u = -\dfrac{\sqrt{3}}{2}+\dfrac{1}{2}i, \quad v = -\dfrac{\sqrt{3}}{2}-\dfrac{1}{2}i$

このような u, v に対して

$$x = u + v$$

が方程式 (3.34) の解となるわけですが，アの場合，得られる解は

$$-i + i = 0$$

です．イの場合，解は

$$\left(\frac{\sqrt{3}}{2}+\frac{1}{2}i\right)+\left(\frac{\sqrt{3}}{2}-\frac{1}{2}i\right)=\sqrt{3}$$

となり，ウの場合は

$$\left(-\frac{\sqrt{3}}{2}+\frac{1}{2}i\right)+\left(-\frac{\sqrt{3}}{2}-\frac{1}{2}i\right)=-\sqrt{3}$$

です．

結局，3次方程式 (3.34) の解は

$$0, \quad \sqrt{3}, \quad -\sqrt{3}$$

の3つであることがわかりました．

これまで述べてきたことを振り返ってみましょう．

カルダーノの方法は，3次方程式の解を統一的に表すことができるという，非常にすぐれたものです．

例題 3.3 の方程式(3.30)は実数解を1個，虚数解を2個もっていました．当然ながら，それらの解を表示するためには虚数が必要です．

一方，例題 3.4 の方程式(3.34)の解は3つとも実数です．ところが，それらの実数解をカルダーノの方法によって求めるためには，いったん虚数の計算を経由する必要がありました．

歴史的に見ると，まさにこのことが虚数の導入の大きな契機となったのです．

ここでは，次のポイントを強調しておきましょう．

Point

- カルダーノの方法は非常にすぐれたものであるが，数の概念を複素数にまでひろげて考えないと，その仕組みを正しく理解することができない．

まとめ

カルダーノの方法について説明しました．この方法を用いて3次方程式の解を求める際に，複素数が大きな役割を果たしていることを述べました．

Column　複素数は数の拡大戦略の到達点 ～代数学の基本定理

テーマ2.1では，数の概念を実数から複素数にまでひろげたときに，2次方程式

$$ax^2+bx+c=0 \quad (a,\ b,\ c\text{は実数，}\ a\neq 0)$$

がつねに解をもつことを示しました．

また，テーマ3.1では，複素数のべき根について考察しました．nを自然数とし，wを複素数とするとき，$z^n=w$を満たす複素数zを求めました．見方を変えれば，これは複素数を係数とするn次方程式

$$x^n-w=0$$

の解を求めたということになります．

実は，代数学の基本定理とよばれる次の一般的な定理が成り立ちます．

定理 3.1　代数学の基本定理

nを自然数とする．a_n，a_{n-1}，…，a_1，a_0は複素数とし，$a_n\neq 0$とする．このとき，n次方程式

$$a_nx^n+a_{n-1}x^{n-1}+\cdots+a_1x+a_0=0$$

は複素数の範囲に必ず解をもつ．

テーマ1.2では，方程式の解の有無に着目して

$$\text{自然数}\rightarrow\text{整数}\rightarrow\text{有理数}\rightarrow\text{実数}\rightarrow\text{複素数}$$

という数の概念のひろがりを説明しました．

代数学の基本定理によれば，n次方程式の解を考える限り，複素数にまで数の概念をひろげれば十分であると考えられます．

数の拡大戦略は，複素数の登場をもって一応の到達点に達した，と考えられるわけです．

Chapter

4

複素数のつくりかた：予告篇
～目指すべき新世界

複素数は存在するのか? ここからは，その問題に迫っていきます．虚数単位 i についての素朴な疑問から話を始め，複素数の演算と多項式の演算との奇妙な符合について述べます．その考察を通じて，「複素数のつくりかた」のヒントを見出します．

テーマ 4.1

「i」と「$-i$」のパラレルワールド

【教室で】「iのあり方」は人それぞれ！？

：ちょっと思ったんだけど，ぼくの思っている「i」と君の思っている「i」は同じiなんだろうか？

：何だよ，いきなり……．それはだって，2乗して-1になる数を……

：そういう数は2つあるんだよ

：「i」と「$-i$」．確かにどちらも2乗すれば-1になる

：どっちが本物の「i」なんだろう？

：それは「i」が本物の「i」で，「$-i$」は偽りの……

：そう言い切れるかな？ ひょっとしたら，「iのあり方」は人それぞれかもしれない……

1st Step もしも i が $-i$ だったら？

$\sqrt{a}$ と $-\sqrt{a}$

aを正の実数とします．このとき，$\sqrt{a}$をどのように定義したのかを思い出してみましょう．

2乗したらaになる数をaの平方根といいました．aの平方根は2つあります．1つは正の数，つまり0より大きい数です．また，もう1つは負の数，

つまり0より小さい数です．そのうち，0より大きいほうを$\sqrt{a}$と定めたのでした．

このように定めると，人によって別々の$\sqrt{a}$を考えてしまう，ということが起こりません．A君が頭に描いている$\sqrt{a}$と，B君が想定している$\sqrt{a}$は，同じ$\sqrt{a}$です．

iの定義の復習

次に，虚数単位iの定め方を思い出してみましょう．

テーマ1.2の4th Stepでiを定めましたが，その定義は次の一文に尽きます．

2乗すると-1となる数を1つ考えて，それをiという記号で表す．

このような定め方には問題がありますね．

普通に考えると，「定義」というからには，「誰がどう定めても同じものになる」という前提が必要だと思われますが，その前提が崩れてしまっていると感じませんか？

正の実数aに対する$\sqrt{a}$の定め方と比較してみると，問題点が2つ浮かび上がってきます．

問題点その1

正の実数aの平方根は2つありましたが，それらはどちらも**実数**でした．私たちは，実数の世界をすでに「知って」います．

実数全体の集合を$\mathbb{R}$という記号で表します．すでに知っている$\mathbb{R}$という世界の中にaの平方根が2つある，というわけです．

「実数」は英語で「real number」ですので，実数全体の集合を$\mathbb{R}$と表します

一方，iについては，どうでしょうか？

「2乗したら-1になる数」は実数の世界には存在しません．ですから，そ

れを見つけるには，まだ見ぬ世界，いわば新世界に探しに行かなくてはなりません．場合によっては，その新世界そのものをつくらなくてはならないかもしれません．

その場合…….

その新世界は，誰にとっても同じものなのでしょうか？

A君は，ある新世界の中に「2乗したら-1になる数」を見つけました．B君は，まったく別の新世界をつくり出し，やはりそこに「2乗したら-1になる数」を見つけました．A君とB君は，それぞれに自分が見つけた新しい数を「i」と命名しました．…そういうことは起こらないのでしょうか？

問題点その2

虚数単位iの定義には，次のような問題点もあります．

何らかの手段によって，2乗したら-1になる数が見つかったとして，それをiと表したとしましょう．

このとき，$-i$も2乗したら-1です．つまり，「2乗したら-1になる数」は2つあって，それは

$$i, \quad -i$$

である，というわけです．

このとき，A君が思っている「i」とB君の頭の中の「i」は同じものだと言い切れるでしょうか？

A君が「$-i$」だと思っている数を，B君は「i」だと思っている．B君にとっての「$-i$」は，A君にとっての「i」である．……そういうことだって，起こり得ますね！

正の実数aの平方根は$\sqrt{a}$と$-\sqrt{a}$でしたが，実数の世界には大小関係が定められています．2つの平方根のうち，0より大きいほうを$\sqrt{a}$と定める，というわけですから，$\sqrt{a}$は確実にただ1通りに定まります．

ところが，複素数の世界には大小関係がありません．「i」と「$-i$」を区別する基準が存在しないのです．

実験の提唱

そこで，これから数学的な実験をしてみましょう．次のようなことを考えてみよう，というわけです．

Point

- もしも「$-i$」が「i」だったら……？
- そのとき，何が起こるのかを実験して確かめてみよう！

ただし，このままでは記号が混乱します．そこで，新たな記号 j を

$$j = -i$$

と定めます．このとき，もちろん $-j = i$ です．

さて，A君は「i」を虚数単位と定め，B君は「j」を虚数単位と定めたとしましょう．このとき，どのようなことが起こるのでしょうか？

2nd Step 四則演算の検証実験

2つの虚数単位を考える

2乗したら -1 になる数を考えて，それを i とします．この i をここでは「**第1虚数単位**」とよぶことにしましょう．

「もちろん，ここだけの呼び名です

次に

$$j = -i$$

とおきます．j も2乗したら -1 になります．実際

$$j^2 = (-i)^2 = i^2 = -1$$

です．そこで，この j を「**第2虚数単位**」とよぶことにします．

これもここだけの名前です

第1虚数単位 i をもとに考えた複素数の世界と，第2虚数単位 j をもとに考えた複素数の世界とは，どのように違うのでしょうか？

加法の比較検討

2つの複素数 z, w を

$$z = 3 + 5i, \quad w = 2 - 3i \tag{4.1}$$

とします．これから，この2つの複素数を実験材料にして，虚数単位の選び方に応じて四則演算の結果がどうなるのか，比較検討することにしましょう．

まず，加法の比較検討です．

上の式(4.1)は第1虚数単位 i を用いて z, w を表示したものですが，この表示をもとに $z+w$ を計算すると

$$z + w = (3 + 5i) + (2 - 3i) = 5 + 2i$$

となります．

それでは，第2虚数単位 j をもとに考えると，どうなるでしょうか？

z, w は j を用いて次のように表されます．

$$z = 3 - 5j, \quad w = 2 + 3j \tag{4.2}$$

この表示をもとに $z+w$ を計算すると

$$z + w = (3 - 5j) + (2 + 3j) = 5 - 2j$$

となります．

$j = -i$ ですので

$$5 + 2i = 5 - 2j$$

が成り立ちます．したがって，第1虚数単位をもとに $z+w$ を計算しても，第2虚数単位をもとに $z+w$ を計算しても，結果は実質的に同じである，ということになります．

一般に，i と $j\,(=-i)$ のどちらを虚数単位と考えて複素数の世界をつくっても，実質的に同じ加法が定められます．

減法の比較検討

今度は $z-w$ について考えます．第1虚数単位 i を用いた表示 (4.1) をもとに $z-w$ を計算すると

$$z-w=(3+5i)-(2-3i)=1+8i$$

という結果が得られます．一方，j を用いた表示 (4.2) をもとに計算すると

$$z-w=(3-5j)-(2+3j)=1-8j$$

となります．このとき

$$1+8i=1-8j$$

であるので，やはり同じ数が得られていることがわかります．

乗法の比較検討

今度は zw を計算します．表示 (4.1) をもとに計算すると

$$zw=(3+5i)(2-3i)=6-9i+10i-15i^2=21+i$$

となり，表示 (4.2) をもとに計算すると

$$zw=(3-5j)(2+3j)=6+9j-10j-15j^2=21-j$$

となります．このときも

$$21+i=21-j$$

であるので，やはり同じ数が得られていることがわかります．

除法の比較検討

それでは $\dfrac{w}{z}$ はどうでしょうか？

表示 (4.1) をもとに計算すると

$$\frac{w}{z} = \frac{2-3i}{3+5i} = \frac{(2-3i)(3-5i)}{(3+5i)(3-5i)}$$
$$= \frac{-9-19i}{34} = -\frac{9}{34} - \frac{19}{34}i$$

となり，表示 (4.2) をもとに計算すると

$$\frac{w}{z} = \frac{2+3j}{3-5j} = \frac{(2+3j)(3+5j)}{(3-5j)(3+5j)}$$
$$= \frac{-9+19j}{34} = -\frac{9}{34} + \frac{19}{34}j$$

となります．$j = -i$ ですので，やはり同じ数が得られています．

結局，次のことがわかります．

Point

- i と j のどちらを虚数単位と考えて複素数の世界をつくっても，実質的に同じ四則演算が定められる．

この結果は，当たり前に思われるかもしれません．けれども，読者の皆さんには，ここで何かを感じていただきたいと思います．

3rd Step 例題 3.2 と 例題 3.4 の再検討 ～実数の世界へのフィードバック

テーマ3.2の4th Stepを参照
テーマ3.3の4th Stepを参照

今度は，例題 3.2 と 例題 3.3 の解答を振り返ります．第2虚数単位 j を用いた場合，解答はどのように変わるのでしょうか？

例題 3.2 の再検討

例題 3.2 は，漸化式

$$a_{n+2} = a_{n+1} - 2a_n \quad (n = 1, 2, 3, \ldots)$$

を満たし，$a_1 = 2$，$a_2 = 1$ である数列の一般項を求める問題でした．

第2虚数単位 j を用いて解答を書いてみましょう．

解答

$x^2 - x + 2 = 0$ の解は $x = \dfrac{1 \pm \sqrt{7}\,j}{2}$ であるので

$$\alpha = \frac{1+\sqrt{7}\,j}{2}, \quad \beta = \frac{1-\sqrt{7}\,j}{2}, \quad b = a_1 = 2, \quad c = a_2 = 1$$

とおいて，テーマ3.2の3rd Stepの式(3.20)を適用します．

$$\begin{aligned}
&\alpha - \beta = \sqrt{7}\,j \\
&c - \beta b = 1 - \frac{1-\sqrt{7}\,j}{2} \times 2 = \sqrt{7}\,j \\
&c - \alpha b = 1 - \frac{1+\sqrt{7}\,j}{2} \times 2 = -\sqrt{7}\,j \\
&\frac{c-\beta b}{\alpha-\beta} = 1, \quad \frac{c-\alpha b}{\alpha-\beta} = -1
\end{aligned}$$

であるので，a_n は次のように表されます．

$$a_n = \left(\frac{1+\sqrt{7}\,j}{2}\right)^{n-1} + \left(\frac{1-\sqrt{7}\,j}{2}\right)^{n-1} \tag{4.3}$$

最後に得られた式(4.3)を i を用いた形に書き直すと

$$a_n = \left(\frac{1-\sqrt{7}\,i}{2}\right)^{n-1} + \left(\frac{1+\sqrt{7}\,i}{2}\right)^{n-1}$$

となりますが，これはテーマ3.2の4th Stepの中で得られた解答と同じもの

です．

このことも，当たり前に思われるかもしれません．では，なぜ「当たり前」に思われるのでしょうか？

例題 3.4 の再検討

例題 3.4 は，カルダーノの方法を用いて，3次方程式

$$x^3 - 3x = 0$$

を解く問題でした．第2虚数単位 j を用いた解答をかいつまんで書いてみます．

解答

2次方程式 $t^2 + 1 = 0$ の解は $t = \pm j$ です．j の3乗根は

$$\frac{\sqrt{3}}{2} + \frac{1}{2}j, \quad -\frac{\sqrt{3}}{2} + \frac{1}{2}j, \quad -j$$

であり，$-j$ の3乗根は

$$-\frac{\sqrt{3}}{2} - \frac{1}{2}j, \quad \frac{\sqrt{3}}{2} - \frac{1}{2}j, \quad j$$

です． 詳細は省略します

j の3乗根 u と $-j$ の3乗根 v の組み合わせのうち，$uv = 1$ となるのは次の3通りです．

ア $u = -j$，$v = j$

イ $u = \dfrac{\sqrt{3}}{2} + \dfrac{1}{2}j$，$v = \dfrac{\sqrt{3}}{2} - \dfrac{1}{2}j$

ウ $u = -\dfrac{\sqrt{3}}{2} + \dfrac{1}{2}j$，$v = -\dfrac{\sqrt{3}}{2} - \dfrac{1}{2}j$

このような u, v に対して，$x = u + v$ が解です．途中の計算を省略しま

すが，求める解は0, $\sqrt{3}$, $-\sqrt{3}$の3つです．

ほとんど同じメカニズムで解答が書けます．これも「当たり前」ですね！

実数の世界→複素数の世界→実数の世界

例題 3.2 や 例題 3.4 は，実数に関する問題です．それを複素数を用いて解きました．

実数の問題なのですが，いったん，複素数にまで世界をひろげて，そこから実数に関する結論に戻ってきました．

そのとき，虚数単位の選び方は1通りではありません．しかし，虚数単位をどのように選ぶか，ということは，最終的な結論に影響を及ぼしません．

4th Step 新世界に何を求めるのか？

演算の構造の問題

「当たり前のこと」を長々と述べてきました．必ずしも論理的につながった述べ方ではなく，ある意味で感覚的な説明をしてきました．

なぜ，このような書き方をしたのか？

それは，読者の皆さんの感覚に訴えたかったからです．そして，ここで一貫して述べられている「当たり前のこと」に気づいていただきたかったからです．

3rd Stepの中で 例題 3.2 や 例題 3.4 を振り返ってみて，読者の皆さんは何を感じたでしょうか？

「iだろうがjだろうが，どちらも2乗したら-1である．それを交えて四則演算が運用できるのだから，同じメカニズムで話が進むのは当然だろう！」

そのような感想を抱いた方も多いと思います．皆さんには，その感覚を大事にしていただきたいと思います.

「これは演算の構造の問題だ！」という認識が大切なのです.

目指すべき新世界

1st Stepに書かれていることを，ここでもう1度くり返してみます.

＊　＊　＊

「2乗したら-1になる数」は実数の世界には存在しません．ですから，それを見つけるには，まだ見ぬ世界，いわば新世界に探しに行かなくてはなりません．場合によっては，その新世界そのものをつくらなくてはならないかもしれません.

その場合…….

その新世界は，誰にとっても同じものなのでしょうか？

＊　＊　＊

「新世界」は，誰にとっても同じものとは限りません．虚数単位の選び方も，人それぞれ違っていてかまいません．ただ，次の条件が満たされていれば，それでよいのです.

Point

■「新世界」の満たすべき条件

1 「新世界」は実数全体の集合$\mathbb{R}$を含む.

2 「新世界」は2乗したら-1になる「数」を含む．そのような「数」の1つを「i」と名付ける.

3 「新世界」は

$$a+bi \ (a,\, b\text{は実数})$$

という形の「数」全体の集合である．そして，このような「数」を「複素数」と名付ける.

4 「新世界」では，四則演算が通常通りに運用できる．そして，それは実数の四則演算のある意味での延長になっている．

5 「新世界」は，すでに知っているもの，すでに存在が確定しているものを用いて論理的に正しく構成されたものであり，そのことによって，私たちが「複素数」の存在を納得できるものであってほしい．

少し曖昧な表現も混じっていますし，「条件」というより「願望」を述べた部分もありますが，このような「新世界」の1つをこれから探しにいきましょう！

まとめ

私たちは「複素数の世界」をつくろうとしています．その際，どういう条件が必要なのかを整理しました．

テーマ 4.2

多項式とその演算

【教室で】 零君の予言

：おや？ 今日はやけに生き生きとしているじゃないか

：いままでずっと違和感を引きずってきた理由がわかったんだ

：ほう……

：それは，これまでこの世界になかったはずの「i」がいきなり出てきたからなんだ．……でも，もし，これまでに知っていることを使って「i」に相当するものがつくれたら，ぼくはそれで納得すると思う．たとえ，それが「借り物」の姿をしていても……

：借り物？

：実数の世界には存在しないものをつくるとしたら……，そして，それを「すでに存在しているもの」からつくるとしたら……，それは，最初は「借り物」の姿をしていると思うんだ．すでに存在しているものの姿を借りて出現すると思うんだ

：……

：演算の構造に関する条件を満たしている限り，「新世界」をどのようにつくろうと，それは自由だからね．そして，その「借り物」を「借り物」と思わなくなったとき，「虚数の存在」が示されると思うんだ

：なんか，予言者みたいなことを言うね

1st Step 多項式の定義

多項式

次のような式を**多項式**といいます．

$$5X^3 - 4X^2 - X + 7$$

ここで使われている文字 X は**変数**，あるいは**不定元**とよばれます．この多項式は，1つの文字 X を使った式ですので，**1変数多項式**ともよばれます．

2変数以上の多項式も考えられますが，ここでは述べません

高校の教科書では「多項式」のことを「**整式**」とよんでいますが，「多項式」と「整式」は同じものです．

大学で専門的に数学を学ぶときには，「整式」という言葉は使いません

変数 X についての多項式を表すのに，$f(X)$，$g(X)$ などの記号を用いることがあります．

一般に，多項式 $f(X)$ は次のような形をしています．

$$f(X) = a_nX^n + a_{n-1}X^{n-1} + \cdots + a_1X + a_0 \tag{4.4}$$

このように表したとき，a_nX^n，$a_{n-1}X^{n-1}$ などの部分を**項**とよびます．特に，a_nX^n は $\boldsymbol{n}$ **次の項**，$a_{n-1}X^{n-1}$ は $(\boldsymbol{n-1})$ **次の項**などとよばれます．a_1X は1次の項です．また，a_0 は0次の項ですが，これは**定数項**ともいいます．

項が1つしかない式を**単項式**といいますが，単項式も多項式の一種とみなします．たとえば

$$8X^5$$

などは単項式です．

項が1つしかないのに「多」項式というのは奇妙に思うかもしれませんが，これは約束事です

定数項だけのもの，つまり定数も多項式の一種とみなし，特に**定数多項式**とよぶことがあります．定数0を多項式とみることもでき，それを**零多項式**とよびます．

係数

式(4.4)に出てくる数

$$a_n,\ a_{n-1},\ \ldots,\ a_1,\ a_0$$

を多項式 $f(X)$ の**係数**とよびます．特に a_n を $\boldsymbol{n}$ **次の係数**，a_{n-1} を $(\boldsymbol{n-1})$ **次の係数**などとよびます．

「X^n の係数」，「X^{n-1} の係数」などというい方もします

たとえば

$$5X^3 - 4X^2 - X + 7$$

の3次の係数は5，2次の係数は−4，1次の係数は−1，0次の係数（定数項）は7です．

すべての係数が実数である多項式を**実数係数多項式**といいます．また，「**整数係数多項式**」といったら，すべての係数が整数である多項式のことです．そのほか，「**有理数係数多項式**」，「**複素数係数多項式**」などの言葉も使われます．

零多項式でない多項式の次数

$5X^3 - 4X^2 - X + 7$ は「3次の多項式」，あるいは単に「3次式」とよばれます．「この多項式の次数は3である」というい方もします．

一般に，零多項式でない多項式は

$$f(X) = a_nX^n + a_{n-1}X^{n-1} + \cdots + a_1X + a_0 \quad (a_n \neq 0) \tag{4.5}$$

という形をしています．このとき，「$f(X)$ の**次数**は n である」，あるいは，「$f(X)$ は $\boldsymbol{n}$ **次多項式**である」といいます．単に「$\boldsymbol{n}$ **次式**」とよぶこともあります．

多項式 $f(X)$ の次数を

$$\deg f(X) \quad \text{あるいは} \quad \deg f$$

という記号で表します．

「次数」を英語で「degree」ということに由来する記号です

式 (4.5) の $f(X)$ については

$$\deg f(X) = n$$

となるわけです．

また，式 (4.5) にあらわれる n 次の係数 a_n を**最高次係数**とよびます．たとえば，$5X^3 - 4X^2 - X + 7$ の最高次係数は5です．

零多項式の次数についての約束事

零多項式0の次数については，いろいろな定義の仕方がありますが，ここでは，零多項式の次数を$-\infty$と定めることにします．

$$\deg 0 = -\infty$$

というわけです．

このことについては少し説明が必要でしょう．記号「$-\infty$」は「**マイナス無限大**」と読みます．しかし，このような数があるわけではなく，単なる形式的な記号です．便宜的に導入された記号です．

「$-\infty$」は次のような形式的な不等式や等式を満たす記号であると考えてください．これは約束事です

- 整数 n に対して，つねに

$$-\infty < n$$

という形式的な不等式が成り立つ．

- 整数 n に対して，つねに

$$(-\infty) + n = -\infty$$

という形式的な等式が成り立つ．

- $(-\infty) + (-\infty) = -\infty$ という形式的な等式が成り立つ．

2nd Step 多項式の足し算・引き算

多項式の足し算や引き算について，簡単に述べます．

多項式の足し算

たとえば

$$\begin{aligned} f(X) &= 2X^2 + 5X + 8 \\ g(X) &= 3X + 4 \end{aligned} \tag{4.6}$$

とします．このとき

$$\begin{aligned} f(X) + g(X) &= (2X^2 + 5X + 8) + (3X + 4) \\ &= 2X^2 + (5X + 3X) + (8 + 4) \\ &= 2X^2 + 8X + 12 \end{aligned}$$

というふうに計算できます．このことについては，あまり説明の必要もないでしょう．同じ次数の項をまとめて，それぞれ足し合わせれば計算できます．

このことを「同類項をまとめる」といいます

多項式の引き算

引き算についても同様に考えます．上の $f(X)$，$g(X)$ に対して，$f(X) - g(X)$ は

$$\begin{aligned} f(X) - g(X) &= (2X^2 + 5X + 8) - (3X + 4) \\ &= 2X^2 + (5X - 3X) + (8 - 4) \\ &= 2X^2 + 2X + 4 \end{aligned}$$

というふうに計算できます．

数の演算の場合と同様に，引き算は足し算の逆演算になっています．

次数との関係

式 (4.6) の $f(X)$ は2次多項式, $g(X)$ は1次多項式です. そして, $f(X)+g(X)$, $f(X)-g(X)$ はどちらも2次多項式です.

一般に, 2つの多項式 $f(X)$ と $g(X)$ の和や差の次数は, $\deg f(X)$ と $\deg g(X)$ のうちの大きいほうと等しい, と考えたくなりますが, 実際には, それより小さいこともあります.

$\deg f(X) = \deg g(X) = n$ の場合を考えましょう. このとき, $f(X)$ と $g(X)$ は

$$f(X) = a_n X^n + (\text{次数の低い項})$$
$$g(X) = b_n X^n + (\text{次数の低い項})$$

と表されます. $b_n = -a_n$ のとき, $f(X)+g(X)$ の次数は n より小さくなりますし, $b_n = a_n$ のとき, $f(X)-g(X)$ の次数は n より小さくなります.

極端な場合, $f(X)=g(X)$ ならば $f(X)-g(X)$ は零多項式です. 零多項式の次数は「$-\infty$」という形式的な記号で表しました. このときも

$$\deg\bigl(f(X)-g(X)\bigr) = \deg 0 = -\infty < \deg f(X) = \deg g(X)$$

という形式的な式が成り立っています.

3rd Step 多項式のかけ算

次に, 多項式のかけ算について述べます.

基本の式

基本となるのは, 次の式です.

$$X^m \cdot X^n = X^{m+n}$$
$$(aX^m)\cdot(bX^n) = abX^{m+n}$$

ここで，m, n は0以上の整数，a, b は係数です．

分配法則を用いて計算

この式を用いて，分配法則にしたがって計算すれば，かけ算ができます．たとえば，式 (4.6) の多項式 $f(X)$, $g(X)$ に対して，積 $f(X)g(X)$ は次のように計算できます．

$$\begin{aligned} f(X)g(X) &= (2X^2 + 5X + 8)(3X + 4) \\ &= (2X^2 + 5X + 8) \cdot 3X + (2X^2 + 5X + 8) \cdot 4 \\ &= (6X^3 + 15X^2 + 24X) + (8X^2 + 20X + 32) \\ &= 6X^3 + (15X^2 + 8X^2) + (24X + 20X) + 32 \\ &= 6X^3 + 23X^2 + 44X + 32 \end{aligned} \tag{4.7}$$

筆算

多項式のかけ算を次のような筆算によって行うこともできます．くわしい説明は省きますが，分配法則を用いた計算式 (4.7) と下の筆算 (4.8) を比べてみてください．同じことをしている様子が見てとれると思います．

$$\begin{array}{cccc} & 2X^2 & +5X & +8 \\ \times) & & 3X & +4 \\ \hline & 8X^2 & +20X & +32 \\ 6X^3 & +15X^2 & +24X & \\ \hline 6X^3 & +23X^2 & +44X & +32 \end{array} \tag{4.8}$$

次数との関係

式 (4.6) の多項式 $f(X)$, $g(X)$ は，それぞれ2次と1次の多項式ですが，積 $f(X)g(X)$ の次数は3です．

一般に

$$\deg\bigl(f(X)g(X)\bigr) = \deg f(X) + \deg g(X) \tag{4.9}$$

が成り立ちます．

実際

$$\deg f(X) = m, \quad \deg g(X) = n \quad (m,\ n \text{ は } 0 \text{ 以上の整数})$$

とし，$f(X)$ と $g(X)$ が

$$f(X) = a_m X^m + (\text{次数の低い項})$$
$$g(X) = b_n X^n + (\text{次数の低い項})$$

という形に表されているとします．このとき

$$f(X)g(X) = a_m b_n X^{m+n} + (\text{次数の低い項})$$

と表されます．a_m も b_n も 0 ではないので，$a_m b_n \neq 0$ です．したがって

$$\deg\bigl(f(X)g(X)\bigr) = m + n = \deg f(X) + \deg g(X)$$

が成り立ちます．

説明は省略しますが，等式 (4.9) は，たとえば $f(X)$ が零多項式のときにも形式的に成り立ちます．

4th Step 多項式の世界

まず，ここで述べることのポイントを先に書いておきましょう．

Point

- 多項式の世界は整数の世界に似ている！

どういうところが似ているのでしょうか？ それをこれから説明します．

加法・減法・乗法に関して閉じている

整数全体の集合を $\mathbb{Z}$ という記号で表します．この集合 $\mathbb{Z}$ は，加法・減法・乗法に関して閉じています．

「整数」をドイツ語で「Zahl」といいます．その頭文字をとった記号です

つまり，どういうことかというと

$$整数 + 整数 = 整数$$
$$整数 - 整数 = 整数$$
$$整数 \times 整数 = 整数$$

が成り立つ，ということです．整数同士の加法・減法・乗法が定義されていて，整数同士を足したり引いたりかけたりしても，やはり整数です．

一方，X を変数とする実数係数多項式全体の集合を $\mathbb{R}[X]$ という記号で表します．

この集合 $\mathbb{R}[X]$ もまた，加法・減法・乗法に関して閉じています．多項式同士の足し算・引き算・かけ算が定められていて

$$多項式 + 多項式 = 多項式$$
$$多項式 - 多項式 = 多項式$$
$$多項式 \times 多項式 = 多項式$$

が成り立ちます．

加法の結合法則と交換法則

整数の加法については，**結合法則**や**交換法則**が成り立ちます．a，b，c を整数とするとき

$$(a+b)+c = a+(b+c)$$

という式がいつでも成り立ちます．これを加法に関する結合法則といいました．また

テーマ1.3の1st Stepを参照

$$b + a = a + b$$

という式も成り立ちます．これを交換法則といいました．

多項式の加法についても，やはり結合法則と交換法則が成り立ちます．つまり，$f(X)$，$g(X)$，$h(X)$ を多項式とするとき，次のことが成り立ちます．

$$\begin{aligned} \bigl(f(X)+g(X)\bigr)+h(X) &= f(X)+\bigl(g(X)+h(X)\bigr) && \text{（結合法則）} \\ g(X)+f(X) &= f(X)+g(X) && \text{（交換法則）} \end{aligned}$$

乗法の結合法則と交換法則

乗法に関しても結合法則と交換法則が成り立ちます．

整数a，b，cに対して

$$\begin{aligned} (ab)c &= a(bc) && \text{（結合法則）} \\ ba &= ab && \text{（交換法則）} \end{aligned}$$

が成り立ちますし，多項式 $f(X)$，$g(X)$，$h(X)$ に対しても

$$\begin{aligned} \Bigl(f(X)g(X)\Bigr)h(X) &= f(X)\Bigl(g(X)h(X)\Bigr) && \text{（結合法則）} \\ g(X)f(X) &= f(X)g(X) && \text{（交換法則）} \end{aligned}$$

が成り立ちます．

分配法則

整数の加法と乗法について，**分配法則**が成り立ちます．a，b，cを整数とするとき

$$a(b+c) = ab + ac, \quad (a+b)c = ac + bc$$

が成り立ちます．

同様に，多項式の加法と乗法についても分配法則が成り立ちます．$f(X)$，$g(X)$，$h(X)$ を多項式とするとき

$$f(X)\Big(g(X)+h(X)\Big)=f(X)g(X)+f(X)h(X)$$
$$\Big(f(X)+g(X)\Big)h(X)=f(X)h(X)+g(X)h(X)$$

が成り立ちます．

0，1という特別な存在

まだ似ているところがあります．整数の世界には0と1という特別な数があります．どんな整数aに対しても

$$a+0=a$$

が成り立ちます．つまり，0を足しても変わらない，というわけです．

また，どんな整数aに対しても

$$a\times 1=a$$

が成り立ちます．1をかけても変わらない，というわけです．

多項式の世界にも0と1があります．定数0は多項式とみなすことができ，**零多項式**とよばれました．このとき，どんな多項式$f(X)$に対しても

$$f(X)+0=f(X)$$

が成り立ちます．やはり，0を足しても変わらないわけです．

また，定数1も多項式とみなすことができ，どんな多項式$f(X)$に対しても

$$f(X)\times 1=f(X)$$

が成り立ちます．1をかけても変わりません．

$\mathbb{Z}$や$\mathbb{R}[X]$は環である

このように，整数全体の集合$\mathbb{Z}$と実数係数多項式全体の集合$\mathbb{R}[X]$には，さまざまな共通点があります．実は，これまで述べてきた性質をすべてもつような集合を，数学用語で**環**とよびます．つまり，次のことが確認できたわ

けです.

> **Point**
> ■ $\mathbb{Z}$ と $\mathbb{R}[X]$ は，どちらも環である.

環 $\mathbb{Z}$ は**整数環**とよばれ，環 $\mathbb{R}[X]$ は**多項式環**とよばれます.

$\mathbb{Z}$ や $\mathbb{R}[X]$ は体ではない

$\mathbb{Z}$ や $\mathbb{R}[X]$ のほかにも環はあります．たとえば，実数全体の集合 $\mathbb{R}$ も環です．ただし，集合 $\mathbb{R}$ はさらに次の性質をもっています.

- 実数を 0 でない実数で割ることができ，商もまた実数となる.

この性質をもつ環を数学用語で**体**《たい》とよびます．つまり……

> **Point**
> ■ $\mathbb{R}$ は体である.

……というわけです.

感覚的にいえば，しかるべき法則にしたがって加法・減法・乗法という3つの演算ができる集合が環であり，さらに除法を含めた四則演算ができる集合が体です.

それでは，$\mathbb{Z}$ や $\mathbb{R}[X]$ は体でしょうか？

$\mathbb{Z}$ は体ではありません．実際，整数の世界では，たとえば

$$1 \div 2$$

という割り算はできません.

同様に，多項式の世界で，たとえば

$$1 \div X$$

という割り算はできません．ですから，$\mathbb{Z}$ や $\mathbb{R}[X]$ は体ではありません．

結局，次のことが確認できました．

Point

- $\mathbb{Z}$ と $\mathbb{R}[X]$ は，どちらも環であるが，体ではない．

代数学の考え方

「環」とか「体」とかいう言葉が出てきました．これらは，演算の構造にかかわる抽象的な概念です．現代の代数学においては，このような概念は必須のものです．

「代数学」というと，1次方程式や2次方程式を解くことを頭に思い浮かべる人も多いと思います．そのようなものも，もちろん代数学ですが，現代の代数学は，それから一歩進んで，演算の構造論とでもいうべき理論を展開するのです．

本書では，本格的な代数学については述べませんが，これから，ほんの少しだけ代数学の考え方を使って，「複素数の世界をつくる」ことを目指します．

さて，演算の構造に着目した場合，整数環 $\mathbb{Z}$ と多項式環 $\mathbb{R}[X]$ には，これまでに述べてきたこと以外にも共通点があるのですが，それについては次のテーマで説明することにしましょう．

まとめ

多項式の加法・減法・乗法について述べ，次数との関係を考察しました．また，多項式の世界は整数の世界と似ていて，どちらも「環」とよばれる演算の構造をもっていることを説明しました．

テーマ
4.3
多項式の計算と複素数の計算の奇妙な符合

【教室で】 零君の予想

：前回の授業は多項式の話だったけれど，それがこれから複素数と関係してくるんだろうか？

：前々回の授業では「新世界」の満たすべき条件について考えたよね．それは結局，「ある種の性質をもった演算を備えた集合をつくればよい」という話だった，とぼくは解釈している．そして前回は，多項式環や整数環の演算を考察した．やはり，何か関係していると思うよ

：ちっともイメージがわかないけれど……

：$x^2+1=0$という方程式は，もちろん，多項式X^2+1と関係があるよね．だから，多項式の演算をうまく利用して，$x^2+1=0$を満たすxをつくろう，という話になってくるのだと思う

1st Step 割って余りを出す ～整数バージョン

テーマ4.2の4th Stepでは，多項式の世界と整数の世界がよく似ていることを述べました．それは，どちらも「環であるが，体ではない」ということでしたが，まだ類似点があります．それは，「余りの出る割り算ができる」

ということです．

まず，整数の世界を考えてみましょう．整数環 $\mathbb{Z}$ は体ではないので，一般に整数の範囲内での割り算はできません．それは「割り切れるような割り算は一般にはできない」ということです．余りの出る割り算なら，整数の範囲内で可能です．たとえば

$$22 \div 5 = 4 \quad \text{余り } 2$$

という式が書けますね．これは，次のようにいい換えることができます．

$$22 = 5 \times 4 + 2$$

ここで，余りの「2」は割る数「5」より小さいことに注意します．

一般に，n，p を整数とし，$p \neq 0$ とします．簡単のため，さらに $p > 0$ としましょう．このとき，n を p で割って余りを出すことができます．

$$n \div p = q \quad \text{余り } r$$

という形の式ができるわけです．

この式は次のように書き換えられます．

$$n = pq + r$$

ここで，q, r は整数で，余り r は次の範囲にあります．

$$0 \leq r < p$$

余り r は0以上であり，割る数 p より小さい，というわけです．

Point

- 整数を正の整数で割って余りを出すことができる．
- 余りは0以上であって，「割る数」よりも小さい．

2nd Step

割って余りを出す ～多項式バージョン

多項式を多項式で割って余りを出すこともできます.

筆算の例

たとえば

$$f(X) = 4X^3 + 8X^2 + 11X + 6$$
$$g(X) = 2X^2 + X + 3$$

とします. このとき, 次のような筆算によって, $f(X)$ を $g(X)$ で割って余りを出すことができます.

$$\begin{array}{r|rrrr} & 2X & +3 & & \\ \hline 2X^2 + X + 3 & 4X^3 & +8X^2 & +11X & +6 \\ & 4X^3 & +2X^2 & +6X & \\ \hline & & 6X^2 & +5X & +6 \\ & & 6X^2 & +3X & +9 \\ \hline & & & 2X & -3 \end{array}$$

筆算の仕組み

このような筆算の仕組みをかいつまんで説明しましょう. それは整数の割り算の筆算とよく似ています.

上の例では, $f(X)$ は3次式, $g(X)$ は2次式です. そこで, $f(X)$ の3次の項 $4X^3$ と $g(X)$ の2次の項 $2X^2$ を比べると

$$4X^3 \div 2X^2 = 2X$$

が成り立ちます. そこで, 最初に $2X$ を立て, $g(X) \times 2X$ を計算して, それを $f(X)$ から引きます.

$$
\begin{array}{r|rrrr}
 & 2X & & & \\ \cline{2-5}
2X^2+X+3 & 4X^3 & +8X^2 & +11X & +6 \\
 & 4X^3 & +2X^2 & +6X & \\ \cline{2-5}
 & & 6X^2 & +5X & +6
\end{array}
$$

このとき，3次の項が消えて，2次式「$6X^2+5X+6$」が残ります．そこで今度は「$+3$」を立てて

$$6X^2+5X+6-(2X^2+X+3)\times 3$$

を計算すると，2次の項が消える，というわけです．

このように，その都度，いちばん高い次数を消すように割り算を続けていき，割る多項式 $g(X)$ より次数が低い多項式が残った時点で筆算終了です．

一般に，次のことがわかります．

Point

- 多項式を零多項式でない多項式で割って，余りを出すことができる．
- 余りの多項式の次数は，割る多項式の次数より低い．

3rd Step 複素数の世界と「多項式の余り」の世界

X^2+1 で割って余りを出す

次の例題を解いてみましょう．

例題 4.1

1 $(3X+2)(5X+6)$を展開しなさい．

2 **1** で得られた多項式をX^2+1で割って余りを出しなさい．

3 $(2+3i)(6+5i)$を計算しなさい．

解答

1

次のように計算できます.

$$\begin{aligned}(3X+2)(5X+6) &= 15X^2+(18+10)X+12 \\ &= 15X^2+28X+12\end{aligned}$$

2

次のような筆算によって計算できます.

$$\begin{array}{r|lll} & 15 & & \\ \hline X^2+1 & 15X^2 & +28X & +12 \\ & 15X^2 & & +15 \\ \hline & & 28X & -3 \end{array}$$

このことは, 次のような式にまとめられます.

$$15X^2+28X+12 = 15(X^2+1)+(28X-3)$$

3

次のように計算できます.

$$\begin{aligned}(2+3i)(6+5i) &= 12+(18+10)i+15i^2 \\ &= -3+28i\end{aligned}$$

観察

例題 4.1 をよく観察しましょう.

多項式を表すには, 次数の高い項から並べる方法（これを「**降**《こう》**べきの順**」といいます）と, 次数の低い項から並べる方法（「**昇**《しょう》**べきの順**」といいます）があります.

いままでは多項式を降べきの順に表していましたが, ここでは昇べきの順を用いることにして

$$f(X) = 2 + 3X, \quad g(X) = 6 + 5X$$

とおきます．この2つの多項式に対して，次の2つの複素数 z，w を考えます．

$$z = 2 + 3i, \quad w = 6 + 5i$$

多項式 $f(X)$，$g(X)$ の X を i でおき換えたものが，それぞれ z，w ですね．

次のような対比を試みているわけです．

$$\begin{aligned} f(X) = 2 + 3X &\leftrightarrow 2 + 3i = z \\ g(X) = 6 + 5X &\leftrightarrow 6 + 5i = w \end{aligned}$$

それではこれらの多項式と複素数の演算を対比してみましょう．

まず，足し算はどうでしょうか？

$$\begin{aligned} &f(X) + g(X) = (2 + 3X) + (6 + 5X) = 8 + 8X \\ &z + w = (2 + 3i) + (6 + 5i) = 8 + 8i \end{aligned}$$

このことにより，次のような対比が成立することがわかります．

$$f(X) + g(X) \leftrightarrow z + w$$

同様に，引き算についても次の対比が成立します．

$$f(X) - g(X) = -4 - 2X \leftrightarrow -4 - 2i = z - w$$

では，かけ算はどうでしょうか？

$f(X)g(X)$ そのものは2次式ですが，それを $X^2 + 1$ で割った余りを考えれば，その次数は1以下です．例題 4.1 の計算により

$$（f(X)g(X) \text{ を } X^2 \text{ で割った余り}） = -3 + 28X$$

です．一方，やはり 例題 4.1 の計算により

$$zw = -3 + 28i$$

です．したがって，この場合

$$(f(X)g(X) \text{ を } X^2 \text{ で割った余り}) \leftrightarrow zw$$

という対比が成立しているわけです．

Point

- 多項式 $f(X)$，$g(X)$ にそれぞれ複素数 z, w を対応させると，それらの和・差・積同士に対応がつけられる．
- ただし，多項式の次数が高い場合は，それを X^2+1 で割った余りを考える．

これは偶然でしょうか？

4th Step メカニズムを調べる

3rd Step で観察したことをもう少し一般的に考えます．

a，b，c，d を実数とし，多項式 $f(X)$，$g(X)$ と複素数 z，w を次のように定めます．

$$f(X) = a + bX, \quad g(X) = c + dX$$
$$z = a + bi, \quad w = c + di$$

和・差の対比

まず，$f(X)+g(X)$ は次のように計算できます．

$$f(X)+g(X)=(a+bX)+(c+dX)=(a+c)+(b+d)X$$

一方，$z+w$ は次のように計算されます．

$$z+w=(a+bi)+(c+di)=(a+c)+(b+d)i$$

確かに

$$f(X)+g(X) \leftrightarrow z+w$$

という対比が成立していることがわかりますね．

同様に，$f(X)-g(X)$，$z-w$ についても

$$\begin{aligned} &f(X)-g(X)=(a+bX)-(c+dX)=(a-c)+(b-d)X \\ &z-w=(a+bi)-(c+di)=(a-c)+(b-d)i \end{aligned}$$

という計算により，やはり

$$f(X)-g(X) \leftrightarrow z-w$$

という対比が成立することが確認できます．

積の対比（例題 4.1 の状況）

積について考えてみましょう．まず，例題 4.1 の状況，つまり

$$\begin{aligned} &f(X)=2+3X, \quad &&g(X)=6+5X \\ &z=2+3i, &&w=6+5i \end{aligned}$$

の場合をもう1度観察します．次の2つの式を比べてみましょう．

$$\begin{aligned} &f(X)g(X)=(2+3X)(6+5X)=12+28X+15X^2 \\ &zw=(2+3i)(6+5i)=12+28i+15i^2 \end{aligned}$$

ここまでは，ほとんど同じ計算が進行しています．上の式の X を i におき換えたものが下の式ですね．

その先の計算はどうでしょうか？ それぞれ次のような操作を続けることになります．

- 多項式は X^2+1 で割って余りを出す．
- i^2 は -1 におき換える．

ここで，今度は次の2つの式を見比べてみましょう．

$$
\begin{aligned}
&X^2=(X^2+1)-1\\
&i^2=-1
\end{aligned}
$$

どちらも正しい式です．2行目の式は虚数単位 i の性質そのものです．そして，最初の式は次のように解釈できます．

Point

■ X^2 を X^2+1 で割った余りは -1 である．

それでは計算を続けます．まず，$f(X)g(X)$ を X^2+1 で割ったときの余りは，次のような計算によって求められます．

$$
\begin{aligned}
f(X)g(X)&=12+28X+15X^2\\
&=12+28X+15\{(X^2+1)-1\}\\
&=15(X^2+1)+12+28X-15\\
&=15(X^2+1)-3+28X
\end{aligned}
$$

この式により，$f(X)g(X)$ を X^2+1 で割った余りが「$-3+28X$」であることがわかります．

一方，zw の計算の続きは

$$
\begin{aligned}
zw &= 12 + 28i + 15i^2 \\
&= 12 + 28i - 15 \\
&= -3 + 28i
\end{aligned}
$$

です．

2つの計算をよく比べてみてください．

積の対比（一般の場合）

一般的に考えましょう．

$$
\begin{aligned}
&f(X) = a + bX, \quad g(X) = c + dX \\
&z = a + bi, \quad w = c + di
\end{aligned}
$$

とします．

まず，$f(X)g(X)$ は

$$
\begin{aligned}
f(X)g(X) &= (a + bX)(c + dX) \\
&= ac + (ad + bc)X + bdX^2
\end{aligned}
\tag{4.10}
$$

と計算できます．次に，zw の計算を途中まで実行します．

$$
zw = (a + bi)(c + di) = ac + (ad + bc)i + bd\,i^2 \tag{4.11}
$$

ここまではほとんど同じ計算です．式(4.10) の X を i におき換えれば式(4.11) になります．

zw の計算を続けましょう．

「i^2 を -1 におき換える」という操作が加わります．

$$
\begin{aligned}
zw &= ac + (ad + bc)i + bd\,i^2 \\
&= ac + (ad + bc)i - bd \\
&= (ac - bd) + (ad + bc)i
\end{aligned}
\tag{4.12}
$$

一方，$f(X)g(X)$ については，式(4.10) に

$$X^2 = (X^2 + 1) - 1$$

という式を代入して整理しましょう．

$$\begin{aligned} f(X)g(X) &= ac + (ad + bc)X + bdX^2 \\ &= ac + (ad + bc)X + bd\{(X^2 + 1) - 1\} \\ &= bd(X^2 + 1) + ac + (ad + bc)X - bd \\ &= bd(X^2 + 1) + (ac - bd) + (ad + bc)X \end{aligned}$$

したがって，$f(X)g(X)$ を $X^2 + 1$ で割った余りは

$$(ac - bd) + (ad + bc)X \tag{4.13}$$

です．

式 (4.13) の X を i におき換えたものが，式 (4.12) において得られた結果と一致しています．こうして

$$（f(X)g(X) \text{ を } X^2 + 1 \text{ で割った余り}） \leftrightarrow zw$$

という対比が成立していることが確認できました．

このように，$X^2 + 1$ で割った余りに着目すると，多項式の演算と複素数の演算に奇妙な符合があることがわかります．

最終章に向けて

最終章への準備が整いました．

いま，「実数が存在することは認めるけれど，虚数の存在は認めない」という人がいるとします．

その人は，実数の存在は認めるわけです．そして，実数係数の多項式の存在についても認めざるを得ないはずです．

ですから，もし，実数係数の多項式の演算をうまく利用して，「実数をすべて含み，2乗したら -1 になる『数』を含み，四則演算が可能な体系」をつくれたとしたら，そんな人でも，その体系を認めないわけにはいかないで

しょう.

そしてそれは，テーマ4.1で考えた「目指すべき新世界」にほかならないのではないでしょうか.

まとめ

多項式の世界は，整数の世界と同様，「割って余りを出す」ということができることを述べました．そして，X^2+1 で割った余りに着目すると，多項式の演算と複素数の演算に奇妙な符合があることを述べました.

Chapter

5

複素数のつくりかた：完結篇 ～合同式をテコにして

「複素数のつくりかた」の完結篇です．整数の合同式の話から始めます．そして，多項式の世界で同じようなことを考え，「2乗したら－1になるもの」を含むような「新世界」をつくります．また，複素数全体の集合がある種の対称性をもつことを述べます．

テーマ 5.1

「5＝0」となる世界のつくりかた

【教室で】　近づく大団円

：だいぶわかってきた．ヒントはすべて出ている，という感じだね．あと少し……あと少しで，複素数の世界をつくれると思う

：今日の授業は整数の合同式の話らしいよ．何の関係があるのかな？

：相変わらず情報が早いね．少し前から，整数と多項式の対比が始まっているよね．まず，整数の世界で何かをやってみて，それと似たようなことを多項式の世界で実行してみよう，という話になると思う

：またまた予言かい？

：かなり蓋然性の高い予測だよ

1st Step 合同式

合同式の定義

mを2以上の整数とします．整数a，bに対して，$a-b$がmの倍数であるとき，「aとbはmを法として合同である」といい

$$a \equiv b \pmod{m}$$

と表します．このような式を**合同式**といいます．

ただし，ここで「m の倍数」といった場合は，0や負の数も含めて考えます．つまり，m の倍数は次のようなものです．

$$\cdots\ -3m,\ -2m,\ -m,\ 0,\ m,\ 2m,\ 3m,\ \cdots$$

このように合同式を定義すると，たとえば

$$38-53=-15=(-3)\times 5$$

という式により，38と53は5を法として合同であることがわかります．このことを

$$38 \equiv 53 \pmod 5$$

と表すわけです．

合同関係は同値関係である

2つの整数がある整数 m を法として合同である，という関係を**合同関係**とよびます．合同関係の性質を調べましょう．

a, b, c を整数とします．このとき，次の3つのことが成り立ちます．

❶ $a \equiv a \pmod m$

❷ $a \equiv b \pmod m$ ならば $b \equiv a \pmod m$

❸「$a \equiv b \pmod m$ かつ $b \equiv c \pmod m$」ならば $a \equiv c \pmod m$

たとえば，$m=5$ としましょう．

性質❶は数学用語で**反射律**とよばれます．

この用語を覚える必要はありません

$a-a=0$ ですが，0は5の倍数です．したがって

$$a \equiv a \pmod 5$$

が成り立ちます．

性質❷は**対称律**とよばれます．

たとえば，$24 - 9 = 15 = 3 \times 5$ですので

$$24 \equiv 9 \pmod 5$$

という式が成り立ちますが，右辺と左辺を入れ換えた合同式

$$9 \equiv 24 \pmod 5$$

も成り立ちます．そのことは次の式を見ればわかります．

$$9 - 24 = -15 = (-3) \times 5$$

性質❸は**推移律**とよばれます．

ここでは，次の等式に注目しましょう．

$$a - c = (a - b) + (b - c)$$

たとえば，$a - b$も$b - c$も5の倍数だとしましょう．すると，$a - c$はそれらの和ですから，やはり5の倍数です．これはつまり

「$a \equiv b \pmod 5$ かつ $b \equiv c \pmod 5$」ならば $a \equiv c \pmod 5$

が成り立つことを意味します．

数学では，一般に，❶，❷，❸に相当する性質をもつような関係を**同値関係**とよんでいます．

Point

- 整数の合同関係は同値関係である．

2nd Step 等式の性質……のようなもの

合同式の性質をもう少し調べます．

引き続き，mは2以上の整数とします．また，a，a'，b，b'を整数とし，

次の2つの合同関係が成り立っているとします.

$$a \equiv a' \pmod{m}, \qquad b \equiv b' \pmod{m}$$

　このとき，次の3つの合同式が成り立ちます.

ア $a + b \equiv a' + b' \pmod{m}$
イ $a - b \equiv a' - b' \pmod{m}$
ウ $ab \equiv a'b' \pmod{m}$

　アは，2つの合同式を辺々加えても，やはり合同関係が成立することを意味します．このことは次の式により説明できます.

$$(a + b) - (a' + b') = (a - a') + (b - b')$$

　いま，$a - a'$，$b - b'$ はどちらも m の倍数ですので，それらを足し合わせたもの，つまり

$$(a + b) - (a' + b')$$

も m の倍数です．したがって

$$a + b \equiv a' + b' \pmod{m}$$

が成り立ちます.

　イは，2つの合同式を辺々引いても，やはり合同関係が成立することを意味します．くわしい説明は省略しますが，このことは次の式により説明できます.

$$(a - b) - (a' - b') = (a - a') - (b - b')$$

　それではウについて考えてみましょう．ウは，2つの合同式を辺々かけ合わせても，やはり合同関係が成立することを意味します.

　たとえば，次の2つの合同式を考えます.

$$4 \equiv 9 \pmod 5$$
$$8 \equiv 3 \pmod 5$$

この2つの式を辺々かけ合わせると

$$32 \equiv 27 \pmod 5$$

となりますが，これは正しい式です．

一般的に考えましょう．次の式を見てください．

$$ab - a'b' = ab - a'b + a'b - a'b' = (a - a')b + a'(b - b') \tag{5.1}$$

この式の最初の「＝」の左右を比べてみてください．「いったん$a'b$を引いて，すぐにまた$a'b$を加える」という，一見無駄な操作をしただけですから，当然，等号が成立するわけです．

なぜこのような操作をしたかというと，それは次の「＝」につなげるためです．4つの項を2つずつに分け，分配法則を用いて変形していることが見てとれますね．

いま，$a - a'$と$b - b'$はどちらもmの倍数です．式(5.1)によれば，$ab - a'b'$は$a - a'$の整数倍と$b - b'$の整数倍を足し合わせた形に表されます．

一般に，次のことに注意します．

- mの倍数を整数倍しても，やはりmの整数である．
- mの倍数同士を足したり引いたりしても，やはりmの倍数である．

すると，これまでの考察を総合すれば，いまの場合，$ab - a'b'$もmの倍数であることがわかります．つまり

$$ab \equiv a'b' \pmod m$$

が成り立つわけです．

ここで述べた3つの性質ア，イ，ウは等式の性質に似ています．2つの等式を辺々足しても引いてもかけても，やはり等号が成立する，という性質です．

ただし，等式については，割り算についても同様のことが成り立ちます．つまり，「ある等式を別の等式（その値は0でないとする）で辺々割っても，やはり等号が成立する」という性質がありますが，合同式については，残念ながら，その性質は成り立ちません．

Point

- 合同式は等式の性質とよく似た性質をもつが，等式の性質と少し違うところもある．

3rd Step 剰余類

m を法として合同な整数同士は，ある意味で「仲間である」と考えられます．

たとえば，$m = 5$ としましょう．

5, 10, 0, -20 などは，5を法として互いに合同ですので，これらの数は「仲間」であると考えられます．これらはすべて5で割り切れる数です．

また，1, 6, 11, -4, -9 などは，やはり5を法として合同です．これらは5で割った余りが1になる数です．ただし，負の整数については

$$(-4) \div 5 = -1 \quad \text{余り } 1$$
$$(-9) \div 5 = -2 \quad \text{余り } 1$$

などと考えます．

このように考えると，5を法とする合同関係に基づいて，整数全体の集合（$\mathbb{Z}$ という記号で表しました）が次の5つのグループに分けられることがわかります．

数学用語では「部分集合」といいます

- 5で割り切れる整数のグループ
- 5で割った余りが1となる整数のグループ

- 5で割った余りが2となる整数のグループ
- 5で割った余りが3となる整数のグループ
- 5で割った余りが4となる整数のグループ

このように分けたとき，ひとつひとつのグループを「(5を法とする) **剰余類**」とよびます．

ここで，整数aが属する剰余類を

$$[a]$$

という記号で表します．

すると，5で割り切れる整数のグループは[0]と表されます．5で割った余りが1となる整数のグループは[1]と表されます．

こうして，整数全体の集合$\mathbb{Z}$は5つの剰余類

$$[0],\ [1],\ [2],\ [3],\ [4]$$

に分けられるわけです．

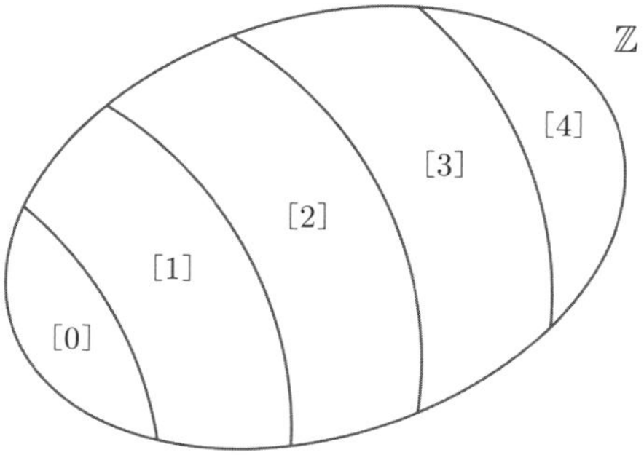

ところで，剰余類の表し方は1通りではありません．たとえば

$$[3]=[8]=[13]$$

が成り立ちます．つまり，3が属する剰余類と8が属する剰余類は同一です．それは，13が属する剰余類とも一致します．

いまの場合，$a \equiv b \pmod{5}$ ならば $[a]=[b]$ です．互いに合同な2つの整数は同一の剰余類に属するわけです．

逆に，$[a]=[b]$ ならば $a \equiv b \pmod{5}$ であることもわかります．同一の剰余類に属する2つの整数は互いに合同です．

Point

- 合同関係によって，$\mathbb{Z}$ はいくつかの剰余類に分割される．
- a と b が合同ならば，$[a]=[b]$ である．逆に，$[a]=[b]$ ならば，a と b は合同である．

4th Step　$\mathbb{Z}/5\mathbb{Z}$ という新世界

$\mathbb{Z}/5\mathbb{Z}$ の定義

引き続き，$m=5$ としましょう．

5を法とする合同関係を考えることにより，整数全体の集合 $\mathbb{Z}$ は5つの剰余類

$$[0],\ [1],\ [2],\ [3],\ [4]$$

に分割されました．

ここで，剰余類を1つの「モノ」とみなし，この5つのモノからなる集合を考え，それを $\mathbb{Z}/5\mathbb{Z}$ と名付けます．

思わせぶりな記号ですが，ここでは説明を省きます

つまり，$\mathbb{Z}/5\mathbb{Z}$ は5つの要素からなる**有限集合**です．

要素の個数が有限である集合のことです

このことを次のような式で表します．

$$\mathbb{Z}/5\mathbb{Z} = \{[0],\ [1],\ [2],\ [3],\ [4]\}$$

$\mathbb{Z}/5\mathbb{Z}$ に演算を定める

今度は，5を法とする剰余類同士の演算を定めることを考えます．たとえ

ば剰余類 $[3]$, $[4]$ に対して

$$[3]+[4], \quad [3]-[4], \quad [3]\times[4]$$

を次のような方法によって定めます．

- それぞれの剰余類から1つずつ要素を選んできて，それらの演算結果をもとに定める

たとえば，$[3]+[4]$ を定めるにあたって，剰余類 $[3]$ から要素3を選び，$[4]$ から要素4を選び，足し合わせます．

$$3+4=7$$

となりますが，7は剰余類 $[2]$ に属します．そこで，2つの剰余類 $[3]$ と $[4]$ の和を

$$[3]+[4]=[7]=[2]$$

と定めるわけです．

同様に，$3-4=-1$ ですが，-1 は剰余類 $[4]$ に属するので

$$[3]-[4]=\left[-1\right]=[4]$$

です．また，$3\times4=12$ ですから

$$[3]\times[4]=[12]=[2]$$

となります．

ほかの剰余類に対しても，同様の考え方によって和・差・積を定めます．

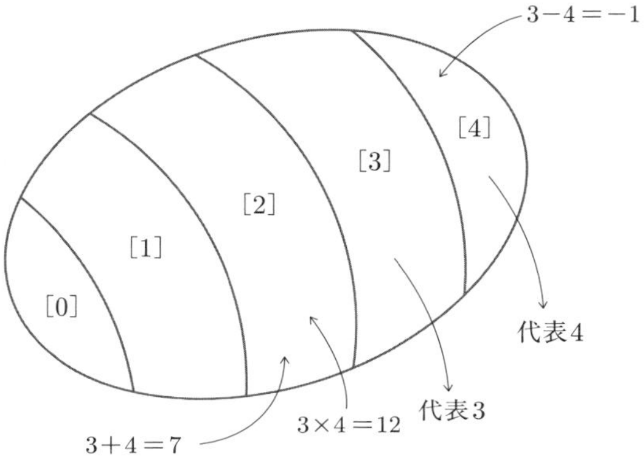

演算は本当に定まったのか？

ここで，1つ注意します．

たとえば $[3]+[4]$ を考えるにあたって，剰余類 $[3]$ と $[4]$ から別の要素を取り出したらどうなるでしょうか？

$[3]$ の要素として18を取り出し，$[4]$ の要素として9を取り出しましょう．すると

$$18+9=27$$

となりますが，27は剰余類 $[2]$ に属します．ですから，やはり同じ結果

$$[3]+[4]=[18+9]=[27]=[2]$$

が得られます．

ここで，2nd Stepで述べたことを思い出します．

$m=5$の場合を考えます

$$a \equiv a' \pmod{5}, \qquad b \equiv b' \pmod{5}$$

が成り立っているとします．いい換えれば，これは

$$[a]=\left[a'\right], \quad [b]=\left[b'\right]$$

という剰余類同士の等式が成り立っている，ということです．

このとき，3つの合同式が成り立ちました.

ア $a+b \equiv a'+b' \pmod{5}$
イ $a-b \equiv a'-b' \pmod{5}$
ウ $ab \equiv a'b' \pmod{5}$

したがって，剰余類同士の等式

$$[a+b]=\left[a'+b'\right], \quad [a-b]=\left[a'-b'\right], \quad [ab]=\left[a'b'\right]$$

が成り立ちますが，このことから次のことがわかります.

大事なところですので，よく考えてみてください！

Point

- 剰余類同士の和・差・積は，剰余類から代表として取り出す要素の選び方によらずに定まる.

$\mathbb{Z}/5\mathbb{Z}$ は環である

こうして，5つの要素からなる集合 $\mathbb{Z}/5\mathbb{Z}$ に対して，加法・減法・乗法という3つの演算が定まりました.

くわしい説明は省きますが，このように定めた演算のうち，加法と乗法について，結合法則，交換法則，分配法則が成り立ちます.

また，ある剰余類 $[a]$ に $[0]$ を加えても $[a]$ のままですし，$[1]$ をかけても $[a]$ のままだということもわかります.

したがって，新しい世界 $\mathbb{Z}/5\mathbb{Z}$ について，次のことがわかります.

Point

- $\mathbb{Z}/5\mathbb{Z}$ は環である.

環については，テーマ4.2の4th Stepで説明しました

$\mathbb{Z}/5\mathbb{Z}$ は体である

実は，$[0]$ 以外の $\mathbb{Z}/5\mathbb{Z}$ の要素には，それぞれ**逆数**があります．たとえば

$$[2]\times[3]=[1]$$

です．このようなとき，$[2]$ の逆数は $[3]$ であると考えることにします．同様に，$[3]$ の逆数は $[2]$ です．

このように考えると

$$[1]\times[1]=[1],\quad [2]\times[3]=[1],\quad [4]\times[4]=[1]$$

という式により，$[0]$ 以外の要素 $[1]$, $[2]$, $[3]$, $[4]$ には，それぞれ逆数 $[1]$, $[3]$, $[2]$, $[4]$ があることがわかります．

$[a]$ に逆数があるということは，$[a]$ で割る割り算ができるということです．たとえば，環 $\mathbb{Z}/5\mathbb{Z}$ の中で

$$[3]\div[2]$$

という割り算をしたいときは，$[3]$ に $[2]$ の逆数 $[3]$ をかければよいのです．

$$[3]\div[2]=[3]\times[3]=[4]$$

となりますね．

こうして，次のことがわかります．

Point

- $\mathbb{Z}/5\mathbb{Z}$ は体である．

体についても，テーマ4.2の4th Stepで説明しました

注意

2以上の自然数 m に対して $\mathbb{Z}/m\mathbb{Z}$ を考えることができ，これは環になりますが，一般には，これは体とは限りません．実は，m が素数のときに限って $\mathbb{Z}/m\mathbb{Z}$ が体になることが知られています．

[5]=[0]となる世界の存在，あるいは忘却の美徳

$\mathbb{Z}/5\mathbb{Z}$ は，整数全体の集合 $\mathbb{Z}$ からつくったものです．

$\mathbb{Z}$は存在します．ですから，5を法とする剰余類も存在するわけです．したがって，$\mathbb{Z}/5\mathbb{Z}$は存在します．

ところで，$\mathbb{Z}/5\mathbb{Z}$ という集合は

$$\mathbb{Z}/5\mathbb{Z} = \{[0], [1], [2], [3], [4]\}$$

と表されるわけですが，いま，その存在が確認できたので，その出自はむしろ忘れてしまうのが得策です．

どういうことでしょうか？

$\mathbb{Z}/5\mathbb{Z}$は$[a]$ (aは整数) と表される記号全体の集合であると考えます．ただし，a と bが5を法として合同であるときに $[a] = [b]$ と約束するわけです．

このとき，特に $[5] = [0]$ が成り立ちます．

このテーマのタイトルは「『$5 = 0$』となる世界のつくりかた」でしたが，正確には「$[5] = [0]$」です

もともとは $[a]$ は剰余類を表していたのですが，そのことを忘れてしまって，単なる記号と考えても，まったく問題ありません．そのようなものが存在することはすでに保証されているのですから．

忘却は時として美徳です．

まとめ

合同式を利用して，$\mathbb{Z}/5\mathbb{Z}$ という体をつくりました．このとき，$[5] = [0]$ が成り立ちました．

テーマ 5.2

「$X^2+1=0$」となる世界のつくりかた

〜複素数体の誕生

【教室で】 零君の確信

：見えた！ 完全に見えた！ ……いま，ぼくには複素数のつくりかたが，はっきりと見える！

：もう，話を聞かなくてもわかった，ということ？

：合同関係によって仲間分けをして，剰余類を考える……．そのことの意義は，「似ているもの同士を本物のイコールで結べる」という点にあるんだ！ わかったぞ！！

：……

1st Step

多項式の合同関係

テーマ5.1では，整数同士の合同関係を考えました．ここでは，多項式について，似たようなことを考えます．

倍多項式

$f(X)$，$g(X)$ を実数係数多項式とします．ある実数係数多項式 $h(X)$ が存在して

$$f(X) = h(X)g(X)$$

という形の等式が成り立つとき，$f(X)$ は $g(X)$ の**倍多項式**である，ということにしましょう．

倍数のようなものです

合同式

$f(X)$，$g(X)$，$\varphi(X)$ を実数係数多項式とします．$\varphi(X)$は定数ではないとします．

「φ」はギリシャ文字で「ファイ」と読みます

$f(X)-g(X)$ が $\varphi(X)$ の倍多項式であるとき，$f(X)$ と $g(X)$ は「$\varphi(X)$ を法として合同である」といい

$$f(X) \equiv g(X) \pmod{\varphi(X)}$$

と表すことにします．そして，このような関係を合同関係とよびましょう．

多項式の合同関係は同値関係である

実数係数多項式 $f(X)$，$g(X)$，$h(X)$ に対して，次の3つのことが成り立ちます．

❶ (反射律) $f(X) \equiv f(X) \pmod{\varphi(X)}$

❷ (対称律) $f(X) \equiv g(X) \pmod{\varphi(X)}$ならば$g(X) \equiv f(X) \pmod{\varphi(X)}$

❸ (推移律)「$f(X) \equiv g(X) \pmod{\varphi(X)}$かつ$g(X) \equiv h(X) \pmod{\varphi(X)}$」ならば，$f(X) \equiv h(X) \pmod{\varphi(X)}$

このことは，整数同士の合同関係の場合とまったく同様に証明できます．

読者の皆さんは自分で証明を考えてみてください

Point

- 多項式の合同関係は同値関係である．

等式の性質と似た性質

$f(X)$，$f_1(X)$，$g(X)$，$g_1(X)$ は実数係数の多項式とし，次の2つの合同関係が成り立っているとします．

$$f(X) \equiv f_1(X) \pmod{\varphi(X)}, \quad g(X) \equiv g_1(X) \pmod{\varphi(X)}$$

このとき，次の3つの合同式が成り立ちます．

ア $f(X) + g(X) \equiv f_1(X) + g_1(X) \pmod{\varphi(X)}$
イ $f(X) - g(X) \equiv f_1(X) - g_1(X) \pmod{\varphi(X)}$
ウ $f(X)g(X) \equiv f_1(X)g_1(X) \pmod{\varphi(X)}$

このことも，整数の合同式の場合とまったく同様に証明できます．

これも自分で考えてみてください

Point

- 多項式の合同式についても，加法・減法・乗法に関して，等式の性質とよく似た性質が成り立つ．

剰余類

$\varphi(X)$ を法として合同な多項式同士を集めたものを考えることができます．整数の合同関係の場合と同様に，その集まりを「**$\varphi(X)$ を法とする剰余類**」とよびます．また，やはり整数の合同関係の場合と同様に，多項式 $f(X)$ が属する剰余類を

$$[f(X)]$$

という記号で表すことにします．

実数係数多項式全体の集合は，いくつかの剰余類に分割されます．

この場合は，剰余類が無数に存在することがあとで確かめられます

2nd Step

X^2+1 を法とする剰余類

これ以降は，$\varphi(X) = X^2 + 1$ とします.

X^2+1 を法とする剰余類の形の決定

$X^2 + 1$ を法とする剰余類はどういうものかを考えることにしましょう.

「$f(X)$ と $g(X)$ が $X^2 + 1$ を法として合同である」ということは，いい換えれば，「$f(X)$ を $X^2 + 1$ で割った余りと $g(X)$ を $X^2 + 1$ で割った余りが等しい」ということです．そして

$$f(X) \equiv g(X) \pmod{(X^2+1)}$$

が成り立つとき，またそのときに限り，剰余類の間の等式

$$\bigl[f(X)\bigr] = \bigl[g(X)\bigr]$$

整数の合同関係の場合と同様です

が成り立ちます．特に，$\bigl[X^2 + 1\bigr] = [0]$ であることにも注意しておきます.

さて，実数係数多項式 $f(X)$ を $X^2 + 1$ で割ると，余りは

$$a + bX \qquad (a, b \text{ は実数})$$

という形の式になります.

あとの話の都合上，あえて定数項を前に出して書いています

つまり，ある実数係数多項式 $q(X)$ を用いて

$$f(X) = (X^2+1)q(X) + a + bX$$

と表されるわけです．このとき，$f(X)$ は $X^2 + 1$ を法として $a + bX$ と合同です．つまり

$$f(X) \equiv a + bX \pmod{(X^2+1)}$$

が成り立ちます．したがって，このとき

$$\big[f(X)\big] = \big[a+bX\big]$$

が成り立ちます．

次に，a，a'，b，b' を実数とし，2つの剰余類

$$\big[a+bX\big], \quad \big[a'+b'X\big]$$

を考えます．この2つの剰余類が一致するのは，どういうときでしょうか？

まず

$$(a+bX)-(a'+b'X) = (a-a')+(b-b')X$$

であり，この式の次数は1以下であることに注意します．いま

$$\big[a+bX\big] = \big[a'+b'X\big]$$

であるとすると

$$(a-a')+(b-b')X$$

が X^2+1 の倍多項式でなければなりませんが，そういうことが起こるのは，これが零多項式のとき，つまり

$$a = a' \quad \text{かつ} \quad b = b'$$

が成り立つときに限られます． 〈次数を考えればわかります〉

したがって，それ以外の場合は

$$\big[a+bX\big] \neq \big[a'+b'X\big]$$

となります．

以上の考察から，次のことがわかります．

Point

- X^2+1 を法とする剰余類は，すべて $\left[a+bX\right]$ (a, b は実数) という形に表される．
- 「$a=a'$ かつ $b=b'$」でない限り

$$\left[a+bX\right] \neq \left[a'+b'X\right]$$

となる．

集合 $\mathbb{R}[X]/(X^2+1)$

そこで，X^2+1 を法とする剰余類を1つの「モノ」とみなし，それらを集めた集合を考え，それを

$$\mathbb{R}[X]/(X^2+1)$$

という記号で表します．

このような記号を使う理由は，ここでは説明しません

いままで述べてきたことによれば，次のことがわかります．

Point

- $\mathbb{R}[X]/(X^2+1)$ は

$$\left[a+bX\right] \quad (a, b \text{ は実数})$$

という形の剰余類全体の集合である．

3rd Step $\mathbb{R}[X]/(X^2+1)$ に演算を定める

演算の定義

集合 $\mathbb{R}[X]/(X^2+1)$ に加法・減法・乗法を定めます．

$\mathbb{Z}/5\mathbb{Z}$ の場合と同様に，$\mathbb{R}[X]/(X^2+1)$ に対しても，2つの剰余類の和・差・積を次のように定めます．

- それぞれの剰余類から1つずつ要素を選んできて，それらの和・差・積をもとに定める．

あるいは，$[f(X)]$，$[g(X)]$ に対して

$$[f(X)]+[g(X)]=[f(X)+g(X)]$$
$$[f(X)]-[g(X)]=[f(X)-g(X)]$$
$$[f(X)]\times[g(X)]=[f(X)g(X)]$$

とする，というふうに考えてもかまいません．

このとき，やはり $\mathbb{Z}/5\mathbb{Z}$ の場合と同様に，次のことがわかります．

これも自分で考えてみてください

Point

- 剰余類同士の和・差・積は，剰余類から代表として取り出す要素の選び方によらずに定まる．

和・差の具体的な形

X^2+1 を法とする剰余類はすべて

$$[a+bX] \quad (a, b \text{ は実数})$$

という形に表されますが，ここで，2つの剰余類をそれぞれギリシャ1文字を用いて α, β と表すことにし，その具体的な形が

$$\alpha=[a+bX], \quad \beta=[c+dX] \quad (a, b, c, d \text{ は実数})$$

であるとします．

このとき，α と β の和・差を求めてみましょう．

まず，$\alpha+\beta$ は次のように計算できます．

$$
\begin{aligned}
\alpha+\beta &= \bigl[a+bX\bigr]+\bigl[c+dX\bigr] \\
&= \bigl[(a+bX)+(c+dX)\bigr] \\
&= \bigl[(a+c)+(b+d)X\bigr]
\end{aligned}
$$

$\alpha-\beta$ も同様に計算できます.

$$
\begin{aligned}
\alpha-\beta &= \bigl[a+bX\bigr]-\bigl[c+dX\bigr] \\
&= \bigl[(a+bX)-(c+dX)\bigr] \\
&= \bigl[(a-c)+(b-d)X\bigr]
\end{aligned}
$$

積の具体的な形

今度は積 $\alpha\beta$ を計算してみましょう.

まず, $a=2$, $b=3$, $c=6$, $d=5$ の場合, つまり

$$
\alpha=\bigl[2+3X\bigr],\quad \beta=\bigl[6+5X\bigr]
$$

の場合を考えてみます.

$$
\begin{aligned}
\alpha\beta &= \bigl[2+3X\bigr]\times\bigl[6+5X\bigr] \\
&= \bigl[(2+3X)(6+5X)\bigr] \\
&= \bigl[12+28X+15X^2\bigr]
\end{aligned}
$$

となりますが

$$
12+28X+15X^2=15(X^2+1)-3+28X
$$

が成り立つので, すでにテーマ4.3で同じ計算をしています

$12+28X+15X^2$ を X^2+1 で割った余りは

$$
-3+28X
$$

です. したがって

$$
\alpha\beta=\bigl[12+28X+15X^2\bigr]=\bigl[-3+28X\bigr]
$$

という結果が得られます．

一般の場合に$\alpha\beta$を計算しましょう．

$$\begin{aligned}\alpha\beta &= \left[a+bX\right] \times \left[c+dX\right] \\ &= \left[(a+bX)(c+dX)\right] \\ &= \left[ac+(ad+bc)X+bdX^2\right]\end{aligned}$$

となりますが

$$ac+(ad+bc)X+bdX^2 = bd(X^2+1)+(ac-bd)+(ad+bc)X$$

が成り立つので，〈これもテーマ4.3ですでに計算しています〉

$ac+(ad+bc)X+bdX^2$をX^2+1で割った余りは

$$(ac-bd)+(ad+bc)X$$

です．したがって

$$\alpha\beta = \left[(ac-bd)+(ad+bc)X\right]$$

が成り立ちます．

Point

- $\alpha=\left[a+bX\right]$，$\beta=\left[c+dX\right]$に対して，$\alpha+\beta$，$\alpha-\beta$，$\alpha\beta$は次のように定まる．

$$\begin{aligned}\alpha+\beta &= \left[(a+c)+(b+d)X\right] \\ \alpha-\beta &= \left[(a-c)+(b-d)X\right] \\ \alpha\beta &= \left[(ac-bd)+(ad+bc)X\right]\end{aligned}$$

$\mathbb{R}[X]/(X^2+1)$は環である

こうして，集合$\mathbb{R}[X]/(X^2+1)$に加法・減法・乗法が定まりましたが，加法と乗法については結合法則，交換法則，分配法則が成り立ちます．〈証明は省略します〉

また，剰余類 $[0]$，$[1]$ は

$$\left[a+bX\right]+[0]=\left[a+bX\right]$$
$$\left[a+bX\right]\times[1]=\left[a+bX\right]$$

という式を満たします．

したがって，$\mathbb{R}[X]/(X^2+1)$ は環です．

4th Step 複素数体の誕生

$\mathbb{R}[X]/(X^2+1)$ は体である

ここで，$\left[a+bX\right]$ と $\left[a-bX\right]$ の積を計算してみましょう．

$$\left[a+bX\right]\times\left[a-bX\right]=\left[(a+bX)(a-bX)\right]=\left[a^2-b^2X^2\right]$$

となりますが

$$a^2-b^2X^2=-b^2(X^2+1)+(a^2+b^2)$$

という式により　自分で確かめてください

$$\left[a^2-b^2X^2\right]=\left[a^2+b^2\right]$$

であることがわかります．したがって，結局

$$\left[a+bX\right]\times\left[a-bX\right]=\left[a^2+b^2\right] \tag{5.2}$$

という式が得られます．

この式から次のことがわかります．

- $\left[a+bX\right]\neq[0]$ ならば，$\left[a+bX\right]$ は逆数をもつ．

実際，$\left[a+bX\right]\neq[0]$ ならば，実数a, b のうち，少なくともどちらかは0

ではありません．したがって，a^2+b^2は正の実数です．特に

$$a^2+b^2 \neq 0$$

です．このことに注意すると，式(5.2)から次の式が得られます．

$$\bigl[a+bX\bigr] \times \left[\frac{a}{a^2+b^2} - \frac{b}{a^2+b^2}X\right] = [1]$$

これは，$\bigl[a+bX\bigr]$が逆数をもつことを表しています．
したがって，$\mathbb{R}[X]/(X^2+1)$は体です．

$\mathbb{R}[X]/(X^2+1)$はすべての実数を含む体である

$\mathbb{R}[X]/(X^2+1)$の中には特に

$$[a] \quad (a\text{は実数})$$

という形の要素が含まれていますが，これを単にaと表すことにしましょう．$[a]$を単にaと表すことによって，実数aが集合$\mathbb{R}[X]/(X^2+1)$に属しているとみなすのです．そのように考えると，$\mathbb{R}[X]/(X^2+1)$はすべての実数を含んでいると考えられます．

以後，実数aに対しては，$[a]$を単にaと書くことにしましょう．

すると，このとき実数a, bに対して

$$\bigl[a+bX\bigr] = a+b\bigl[X\bigr]$$

が成り立ちます．実際，$[a]=a$，$[b]=b$ですので

$$b[X] = [b] \times [X] = \bigl[bX\bigr]$$

であり，さらに

$$a+b[X] = [a] + \bigl[bX\bigr] = \bigl[a+bX\bigr]$$

となります．

結局，次のことがわかりました．

Point

- $\mathbb{R}[X]/(X^2+1)$ はすべての実数を含む体であると考えることができる．
- その場合，$\mathbb{R}[X]/(X^2+1)$ の要素は

$$a+b[X] \quad (a, b \text{ は実数})$$

　と表される．

忘却の美徳ふたたび

$\bigl[a+bX\bigr]\,(=a+b[X])$ は X^2+1 を法とする剰余類として定義されました．

実数は存在します．実数係数多項式も存在します．ですから，その剰余類も存在します．したがって，$\mathbb{R}[X]/(X^2+1)$ は確かに存在するわけです．

さて，ここで $[X]^2$ を計算してみます．

$$[X]^2 = \bigl[X^2\bigr]$$

が成り立ちますが，ここで

$$X^2 = (X^2+1)-1$$

という式により，X^2 を X^2+1 で割った余りは -1 であることがわかります．したがって

$$[X]^2 = [-1] = -1$$

です．（実数 a に対しては $[a]$ を単に a と表したので，$[-1]=-1$ です）

ここで，$[X]$ の出自を忘れて，これを単なる記号とみなし，それを i と書き直しましょう．

すると

$$i^2 = -1$$

が成り立ちますね！

複素数体$\mathbb{C}$の誕生

こうして$[X]$をiと書き直すと，どういうことになるでしょうか？

$\mathbb{R}[X]/(X^2+1)$はすべての実数を含む体であって，その要素は

$$a+bi \quad (a, b\text{ は実数})$$

という形に表されます．そして

$$i^2=-1$$

が成り立っています．

3rd Stepでは

$$\alpha=\big[a+bX\big],\ \beta=\big[c+dX\big] \quad (a, b, c, d\text{ は実数})$$

に対して，$\alpha+\beta$，$\alpha-\beta$，$\alpha\beta$の形を計算しました．その計算結果を書き直してみましょう．

α，βは

$$\alpha=a+bi, \quad \beta=c+di$$

と書き直され

$$\begin{aligned}\alpha+\beta&=(a+c)+(b+d)i\\ \alpha-\beta&=(a-c)+(b-d)i\\ \alpha\beta&=(ac-bd)+(ad+bc)i\end{aligned}$$

となります．また，$\alpha \neq 0$ならば$\dfrac{1}{\alpha}$が存在します．まさしく複素数の計算そのものではありませんか！

そこで，体$\mathbb{R}[X]/(X^2+1)$をあらためて$\mathbb{C}$と書き直し，これを**複素数体**とよびます．

「複素数」は英語で「complex number」です．その頭文字を使った記号です

これまで述べてきたことをまとめます.

Point

- このようにしてつくり上げた複素数体 $\mathbb{C}$ は，すべての実数を含む体であって，その要素は
$$a + bi \quad (a, b \text{ は実数})$$
という形に表される.
- $i^2 = -1$ である.
- $\alpha = a + bi$, $\beta = c + di$ に対して
$$\alpha + \beta = (a + c) + (b + d)i$$
$$\alpha - \beta = (a - c) + (b - d)i$$
$$\alpha\beta = (ac - bd) + (ad + bc)i$$
が成り立つ．また，$\alpha \neq 0$ ならば $\dfrac{1}{\alpha}$ が存在する.

こうして，複素数体 $\mathbb{C}$ が誕生しました.

「新世界」はつくれたのか？

テーマ4.1の4th Stepで述べた「『新世界』の満たすべき条件」をもう1度ここに書きます.

Point

- 「新世界」の満たすべき条件
  1. 「新世界」は実数全体の集合 $\mathbb{R}$ を含む.
  2. 「新世界」は2乗したら -1 になる「数」を含む．そのような「数」の1つを「i」と名付ける.
  3. 「新世界」は
$$a + bi \quad (a, b \text{ は実数})$$

という形の「数」全体の集合である．そして，このような「数」を「複素数」と名付ける．

4 「新世界」では，四則演算が通常通りに運用できる．そして，それは実数の四則演算のある意味での延長になっている．

5 「新世界」では，すでに知っているもの，すでに存在が確定しているものを用いて論理的に正しく構成されたものであり，そのことによって，私たちが「複素数」の存在を納得できるものであってほしい．

長い旅路の末，私たちは「新世界」にたどり着いたのです！

まとめ

X^2+1 を法とする多項式の合同関係を用いて剰余類を定め，剰余類全体の集合に演算を定めました．最後にその「出自」を「忘却」することによって，私たちは複素数体 $\mathbb{C}$ にたどり着きました．

テーマ 5.3

複素共役と対称性

【教室で】 零君の解説

：この前，君は「ぼくには複素数のつくりかたが，はっきり見える！」と言っていたけれど，授業を聞いてみて，それは思っていたやり方と同じだったのかい？

：同じだよ．……アイデアはすごく単純だからね

：単純って言われてもなあ……

：(黒板の前に進む.) 整数の合同式 $a \equiv b \pmod{5}$ が成り立つとき，a と b は仲間だ．特に5と0は仲間だ．ところが，剰余類を考えると，それは本当に一致する．$[5] = [0]$ だ．……つまり，こうだ．5を0と思いたい．でも，5は0じゃない．ではどうするか．合同関係を考え，剰余類を考える．すると，$[5]$ は $[0]$ になる

：……なるほど

：虚数単位をつくりたい．それを仮に X としよう．このとき

$$X^2 + 1 = 0$$

となってほしい……．$X^2 + 1$ を0と思いたい．でも，$X^2 + 1$ は0じゃない．ではどうするか．合同関係を考え，剰余類を考える．すると，$\left[X^2 + 1\right]$ は $[0]$ になり，$\left[X\right]^2$ は $\left[-1\right]$ となる．……それだけのことだよ．手品のタネは単純だよ

：なるほど……．ところで，次の授業のテーマは「対称性」らしいよ

1st Step 複素共役

Chapter 4から「複素数のつくりかた」について述べてきましたが，多項式の剰余類を考えるという方法によって，無事に複素数の世界を構成することができました．

ここでは，テーマ4.1の内容を違った角度から考えます．テーマ4.1のタイトルは「『i』と『$-i$』のパラレルワールド」でした．虚数単位 i が $-i$ に変わっても，いろいろなことが並行して進む，という話をしました．

> 複素数の世界を概念的に構成する方法はほかにもあります．たとえば，複素数 $a+bi$ を行列 $\begin{pmatrix} a & -b \\ b & a \end{pmatrix}$ と対応させる，というテーマも面白いのですが，その解説は別の機会に譲りましょう

複素共役の定義

複素数 z が

$$z = a + bi \quad (a, b \text{ は実数})$$

と表されているとします．仮に i を $-i$ に取り換えると

$$a - bi$$

となりますが，これを z の**複素共役《きょうやく》**とよび，$\bar{z}$ と表します．つまり

$$\bar{z} = a - bi$$

というわけです．複素数 z に対して，その複素共役 $\bar{z}$ を考えることを「z の複素共役をとる」と表現することもあります．

複素数平面を考えると，次の図のように，z とその複素共役 $\bar{z}$ は実軸を対称軸として線対称の位置にあります．

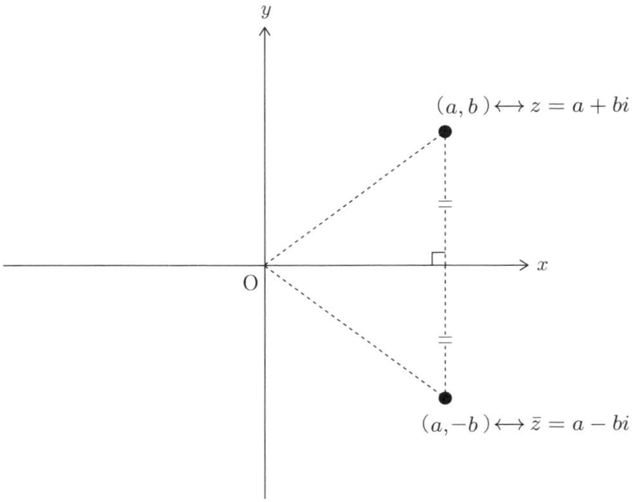

複素共役の性質

a, b, c, d を実数とし，複素数 z, w を

$$z = a + bi, \quad w = c + di$$

と定めます．すると，それぞれの複素共役は

$$\bar{z} = a - bi, \quad \bar{w} = c - di$$

となります．このとき，次のことが成り立ちます．

❶ $\overline{z + w} = \bar{z} + \bar{w}$

❷ $\overline{z - w} = \bar{z} - \bar{w}$

❸ $\overline{zw} = \bar{z} \cdot \bar{w}$

❹ $z \neq 0$ ならば，$\overline{\left(\dfrac{1}{z}\right)} = \dfrac{1}{\bar{z}}$

❺ $z \neq 0$ ならば，$\overline{\left(\dfrac{w}{z}\right)} = \dfrac{\bar{w}}{\bar{z}}$

❶を確かめてみましょう．まず

$$z+w=(a+c)+(b+d)i$$

が成り立ちます．複素共役を考えれば

$$\overline{z+w}=(a+c)-(b+d)i$$

が得られます．これが❶の左辺です．

右辺は

$$\bar{z}+\bar{w}=(a-bi)+(c-di)=(a+c)-(b+d)i$$

と計算されます．

したがって，❶の等式が成り立つことがわかります．

❷についても，❶と同様に確かめられます．左辺は

$$\overline{(a-c)+(b-d)i}=(a-c)-(b-d)i$$

であり，右辺は

$$(a-bi)-(c-di)=(a-c)-(b-d)i$$

となりますので，両者が等しいことがわかります．

❸についてはどうでしょうか？

$$zw=(a+bi)(c+di)=(ac-bd)+(ad+bc)i$$

であることにより

$$\overline{zw}=(ac-bd)-(ad+bc)i$$

が得られます．一方

$$\bar{z}\cdot\bar{w}=(a-bi)(c-di)=(ac-bd)-(ad+bc)i$$

となりますので，❸の式が確かめられました．

❹を確かめましょう．$z\neq 0$とすると

$$\frac{1}{z}=\frac{1}{a+bi}=\frac{a}{a^2+b^2}-\frac{b}{a^2+b^2}i$$
$$\frac{1}{\bar{z}}=\frac{1}{a-bi}=\frac{a}{a^2+b^2}+\frac{b}{a^2+b^2}i$$

が成り立ちます．

> くわしい説明は省略しますが，自分で確かめてみてください

このことから

$$\overline{\left(\frac{1}{z}\right)}=\frac{1}{\bar{z}}$$

が成り立つことが見てとれます．これが❹の式です．

❺の式は，❸と❹を組み合わせれば導かれます．実際

$$\frac{\bar{w}}{\bar{z}}=\frac{1}{\bar{z}}\cdot\bar{w}=\overline{\left(\frac{1}{z}\right)}\cdot\bar{w}=\overline{\left(\frac{1}{z}\right)\cdot w}=\overline{\left(\frac{w}{z}\right)}$$

が成り立ちます．

> 落ち着いて考えてみてください

2nd Step 複素数の世界から実数を見る

複素共役をとっても変わらないもの 〜複素数の中の実数

複素共役の性質について，❶から❺まで述べましたが，もう少し付け加えましょう．次の性質❻，❼も成り立ちます．

❻ $\bar{\bar{z}}=z$

❼ zが実数ならば，$\bar{z}=z$である．逆に，$\bar{z}=z$ならば，zは実数である．

複素数平面を考えると，「複素共役をとる」ことは，「実軸を対称軸にして折り返す」という操作であると考えられます．

折り返す操作を2度続けて行えばもとに戻るので，性質❻が成り立つわけです．

また，折り返す操作によって変わらないものは，実数にほかなりません．これが性質❼の意味するところです．

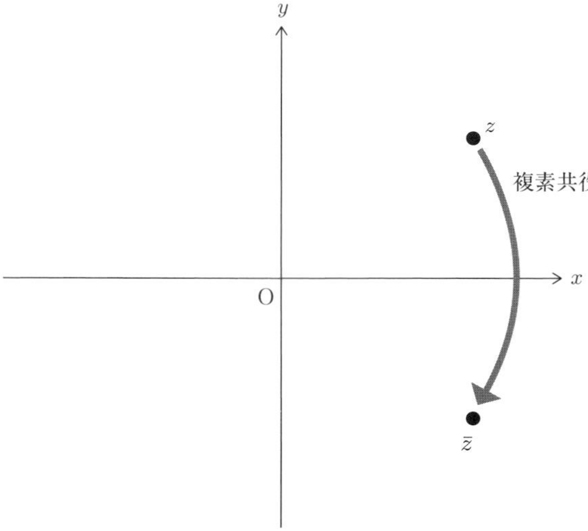

実数から複素数へ，そして実数へ

上で述べた性質❼は，実数と複素数の関係を考える上で，とても重要です．それは，複素数zが実数か虚数かを見分ける1つの方法を与えているからです．つまり…….

Point

- 複素数zが実数か虚数かを知りたければ，その複素共役$\bar{z}$をとってみればよい．
- $\bar{z}$がzと等しければ，zは実数である．
- $\bar{z}$がzと異なるときは，zは虚数である．

こんなことは当たり前だと思われるかもしれませんが，そういう当たり前のことが案外役に立つものです．

たとえば，ある性質をもつ実数を探し出したいとします．そのとき，次のような手順を踏むことがよくあります.

- まず, 複素数全体に捜索範囲をひろげて, その性質をもつ複素数を探し出す.
- 見つけ出した複素数の複素共役をとってみて, 実数かどうかを判定する.

捜索範囲をひろげたほうが, かえってモノを見つけやすい, ということもあるのです

こういったことも, 複素数を考えることの利点の1つです.

3rd Step 実数係数多項式に z と $\overline{z}$ を代入する

次のような実数係数の多項式 $f(X)$ を考えます.

$$f(X) = a_n X^n + a_{n-1} X^{n-1} + \cdots + a_1 X + a_0$$

この多項式に複素数 z を代入した値 $f(z)$ を考えることができます. $f(z)$ は次の式によって定まる複素数です.

$$f(z) = a_n z^n + a_{n-1} z^{n-1} + \cdots + a_1 z + a_0$$

たとえば

$$f(X) = X^2 + 5X, \quad z = 1 + 2i$$

とするとき, $f(z)$ を計算してみましょう.

まず, z^2 を計算すると

$$z^2 = (1+2i)^2 = 1 + 4i + 4i^2 = -3 + 4i$$

となります. したがって

$$f(z) = (-3+4i) + 5(1+2i) = 2 + 14i$$

が得られました.

一方，この多項式 $f(X)$ に z の複素共役 $\bar{z}$ を代入したらどうなるでしょうか？ 今度は

$$\bar{z}^2 = (1-2i)^2 = 1 - 4i + 4i^2 = -3 - 4i$$

が成り立つので

$$f(\bar{z}) = (-3-4i) + 5(1-2i) = 2 - 14i$$

となります．

2つの計算結果を見比べると，$f(\bar{z})$ は $f(z)$ の複素共役であることに気づきますね．つまり

$$f(\bar{z}) = \overline{f(z)}$$

が成り立っています．

これはけっして偶然の結果ではありません．

1st Stepで複素共役の性質❶から❺までを確かめました．また，2nd Stepでは，さらに性質❻と❼が成り立つことを述べました．

この中の性質❸を $w = z$ の場合に適用すると

$$\bar{z}^2 = \bar{z} \cdot \bar{z} = \overline{z \cdot z} = \overline{z^2}$$

が成り立つことがわかります．

また, 5は実数ですので，性質❼により $\bar{5} = 5$ が成り立つことに注意して，性質❸を用いると

$$5\bar{z} = \bar{5} \cdot \bar{z} = \overline{5z}$$

が成り立つことがわかります．

したがって

$$f(\bar{z}) = \bar{z}^2 + 5\bar{z} = \overline{z^2} + \overline{5z}$$

が得られますが，ここでさらに性質❶を用いてみましょう．

$$\overline{z^2} + \overline{5z} = \overline{z^2 + 5z} = \overline{f(z)}$$

が成り立ちますね.

以上のことを考え合わせると

$$f(\bar{z}) = \overline{f(z)}$$

が得られます.

一般の実数係数多項式

$$f(z) = a_n X^n + a_{n-1} X^{n-1} + \cdots + a_1 X + a_0$$

に z と $\bar{z}$ を代入しても，同様のことが起こります.

$$\bar{z}^n = \overline{z^n}, \quad \bar{z}^{n-1} = \overline{z^{n-1}}, \ \ldots$$

が成り立ちます．また，a_n，a_{n-1}，$\ldots$ などは実数ですので

$$\overline{a_n} = a_n, \quad \overline{a_{n-1}} = a_{n-1}, \ \ldots$$

が成り立ちます．したがって

$$\begin{aligned} f(\bar{z}) &= a_n \bar{z}^n + a_{n-1} \bar{z}^{n-1} + \cdots + a_1 \bar{z} + a_0 \\ &= \overline{a_n} \cdot \overline{z^n} + \overline{a_{n-1}} \cdot \overline{z^{n-1}} + \cdots + \overline{a_1} \cdot \bar{z} + \overline{a_0} \\ &= \overline{a_n z^n} + \overline{a_{n-1} z^{n-1}} + \cdots + \overline{a_1 z} + \overline{a_0} \\ &= \overline{a_n z^n + a_{n-1} z^{n-1} + \cdots + a_1 z + a_0} \\ &= \overline{f(z)} \end{aligned}$$

となります.

こうして，次のことがわかりました.

Point

- 実数係数多項式 $f(X)$ と複素数 z に対して

$$f(\bar{z}) = \overline{f(z)}$$

が成り立つ.

4th Step 実数係数多項式の虚数解に関する定理

解は複素共役とペアになってあらわれる

2次方程式

$$x^2 - 2x + 3 = 0$$

の解は

$$x = 1 \pm \sqrt{2}\, i$$

です．

解の公式を用います

この2つの虚数解

$$1 + \sqrt{2}\, i, \quad 1 - \sqrt{2}\, i$$

は，「一方が他方の複素共役である」という関係にありますね．

一般に，次の定理が成り立ちます．

定理 5.1

nを自然数とし，a_n，$a_{n-1}, \ldots, a_1$，a_0を実数とする．また，$a_n \neq 0$とする．n次方程式

$$a_n x^n + a_{n-1} x^{n-1} + \cdots + a_1 x + a_0 = 0 \qquad (5.3)$$

を考える．このとき，虚数$\alpha + \beta i$（α，βは実数，$\beta \neq 0$）が方程式(5.3)の解ならば，複素共役$\alpha - \beta i$も方程式(5.3)の解である．

実数係数のn次方程式の虚数解は，必ず複素共役とのペアになっている，というわけです．

なぜこのような定理が成り立つのでしょうか？

実は，3rd Stepで述べたことを用いると，たちどころに証明ができます．実際に証明してみましょう．

いま，複素数 z が方程式 (5.3) の解であるとします．また，n 次多項式 $f(X)$ を

$$f(X) = a_n X^n + a_{n-1} X^{n-1} + \cdots + a_1 X + a_0$$

と定めましょう．

z は方程式 (5.3) の解であるので，このとき

$$f(z) = 0$$

が成り立ちます．

ところで，3rd Step では

$$f(\bar{z}) = \overline{f(z)}$$

が成り立つことを示しました．このことを用いると

$$f(\bar{z}) = \overline{f(z)} = \bar{0} = 0$$

が成り立つことがわかります． 0は実数ですから，$\bar{0} = 0$です

これは，$\bar{z}$ が方程式 (5.3) の解であることを意味します．

これで証明は終わりです． 簡単ですね！

実数と複素数が関係することがらについては，何らかの対称性が成り立つことがよくあります．**定理 5.1** もその一例です．虚数解が必ず複素共役とのペアになってあらわれる，というわけですから，解について，一種の対称性が成り立っているわけです．そして，証明もまた対称性に着目して行いました．

奇数次の実数係数方程式は実数解をもつ

方程式 (5.3)

$$a_n x^n + a_{n-1} x^{n-1} + \cdots + a_1 x + a_0 = 0$$

の解について，次数 n が奇数の場合を考えてみます．

Column「複素数は数の拡大戦略の到達点 ～代数学の基本定理」では，代数学の基本定理という定理を述べました．その定理を用いると

$$a_n x^n + a_{n-1} x^{n-1} + \cdots + a_1 x + a_0 = a_n (x - \alpha_1)(x - \alpha_2) \cdots (x - \alpha_n)$$

理由の説明は省略します

と因数分解されることがわかります．ここで

$$\alpha_1,\ \alpha_2,\ \ldots,\ \alpha_n$$

は方程式 (5.3) の複素数解です．

この中には同じものが含まれているかもしれません

さて，いま，n が奇数であるとしましょう．このとき，どういうことが起きるでしょうか？

定理 5.1 によれば，方程式 (5.3) の虚数解は，必ず複素共役同士がペアとなっています．ですから，虚数解の個数は偶数です．

したがって，奇数個の複素数

$$\alpha_1,\ \alpha_2,\ \ldots,\ \alpha_n$$

の中に必ず実数が含まれます．

このことを定理として述べておきましょう．

定理 5.2

奇数次の実数係数方程式

$$a_n x^n + a_{n-1} x^{n-1} + \cdots + a_1 x + a_0 = 0 \quad (a_n \neq 0,\ n\text{は奇数})$$

には必ず実数解がある．

この定理は複素数の考え方を使わずに証明することもできます．しかし，「複素数にまで範囲をひろげて考えることによって，実数に関する命題などが見通しよく得られる」ということを示す一例として，このような証明方法を紹介しました．

まとめ

「複素共役」という概念を導入し，その性質を述べました．そして，その性質を用いて，実数係数の方程式の解について考えました．

Column 対称性とガロア理論

テーマ5.3では「複素共役」という概念を導入し，そこにある種の対称性が成り立っていることを感じ取っていただきました．

実数全体の集合を$\mathbb{R}$と表し，複素数全体の集合を$\mathbb{C}$と表しますが，これらはどちらも四則演算が定義された「体」です．体$\mathbb{C}$は体$\mathbb{R}$を含んでいるわけですが，このような状況を，「体$\mathbb{C}$は体$\mathbb{R}$の**拡大体**である」といい表します．

体$\mathbb{C}$を体$\mathbb{R}$の拡大体とみたとき，そこには興味深い対称性がひそんでいます．

現代の代数学の中に「**ガロア理論**」とよばれる理論があります．この理論の中では，「ある種の対称性をもった体の拡大」を「**ガロア拡大体**」と名付け，その性質を調べます．

体$\mathbb{C}$は体$\mathbb{R}$のガロア拡大体です．

ガロア拡大体の例をもう1つ述べましょう．

有理数全体の集合を$\mathbb{Q}$と表しますが，これも体です．いま

$$a + b\sqrt{2} \quad (a,\, b\text{は有理数})$$

という形に表される数全体の集合を考え，それを$\mathbb{Q}(\sqrt{2})$という記号で表します．

このとき，実は$\mathbb{Q}(\sqrt{2})$は$\mathbb{Q}$のガロア拡大体です．$a + b\sqrt{2}$（a，bは有理数）という数に対して$a - b\sqrt{2}$を考えると，ちょうど，複素数に対して複素共役を考えるのと同じような対称性が成り立ちます．

ガロア理論では，このような対称性に着目して，方程式の解の様子などについても考察します．

Index

あ

位相差……97
一般角……49
一般項……88
因数分解……5
オイラーの公式……85

か

解……6
解と係数の関係……89
角周波数……97
拡大体……193
加法……15
加法定理……63
カルダーノの方法……101
ガロア拡大体……193
ガロア理論……193
環……136
逆数……163
極形式表示……62
虚軸……57
虚数……19
虚数解……41
虚数単位……19
虚数部分……20
虚部……20
係数……128
結合法則……23, 134, 135
減法……15
項……86, 127
交換法則……22, 134, 135
合同……152, 166
合同関係……153, 166
合同式……153, 166
降べきの順……143
交流電源……97
弧度法……49

さ

最高次係数……129
三角関数……53
三角関数の相互関係……54
三角比……44
三角比の相互関係……45
三平方の定理……44
式の展開……4
自己インダクタンス……97
次数……128
自然数……15
自然対数の底……85
四則演算……15
実効値……97
実軸……57
実数……17
実数解……41
実数係数多項式……128
実数部分……20

実数列……95
実部……19
重解……14, 42
集合……17
純虚数……19
昇べきの順……143
乗法……15
剰余類……158, 167
初項……86
除法……15
推移律……154, 166
数直線……17
数列……86
整式……127
整数……16
整数環……137
整数係数多項式……128
正の向き……49
絶対値……59, 60
漸化式……87

た

体……137
第1虚数単位……117
第2虚数単位……117
対称律……153, 166
代数学の基本定理……111
多項式……127
多項式環……137
単位円……52
単項式……127
直列回路……97
抵抗……97
定数項……127
定数多項式……127
電圧……97
展開……4
電気回路……97
電流……97
同値関係……154

な

二項演算……22
ネイピア数……85

は

倍多項式……166
反射律……153, 166
半直線……48
判別式……13
微分……85
微分方程式……97
フィボナッチ数列……87
複素共役……181
複素数……19
複素数係数多項式……128
複素数平面……57

複素平面 57
不定元 127
負の向き 49
分数 16
分配法則 3, 22, 135
平方完成 9
平方根 8,73
平面ベクトル 57
べき根 73
べき乗 73
ベクトル 57
偏角 61
変数 127

ま

無理数 17

や

有限集合 159
有理数 16
有理数係数多項式.........................128

ら

ラジアン 49
立方根 73
零多項式 127

数字・アルファベット

1変数多項式 127
2次方程式 6
2次方程式の解の公式.........2, 10, 11
2乗根 73
3項間の漸化式 87
3次方程式 98
3乗根 73
n 乗根 75

〈著者略歴〉

海老原　円（えびはら　まどか）

1962年東京生まれ．1985年東京大学理学部数学科卒業，
同大学院を経て1989年学習院大学助手．
現在埼玉大学大学院理工学研究科准教授．
博士（理学）東京大学，専門は代数幾何学．

著書に，『線形代数』『代数学教本』『じっくり速習線形代数と微分積分 大学理系篇』（以上，数学書房），『14日間でわかる代数幾何学事始』（日本評論社）『詳解と演習 大学院入試問題＜数学＞－大学数学の理解を深めよう』（数理工学社）（共著），『例題から展開する線形代数』『例題から展開する線形代数演習』『例題から展開する集合・位相』（以上，サイエンス社），『じっくり味わう代数学』（オーム社）がある．

複素数のつくりかた
—代数の考え方で演算を組み立てる—

2021年11月24日　　第1版第1刷発行

著　者　海老原　円
発行者　村上和夫
発行所　株式会社 オーム社
郵便番号　101-8460
東京都千代田区神田錦町3-1
電話　03(3233)0641(代表)
URL　https://www.ohmsha.co.jp/

組版　BUCH$^+$　　印刷・製本　図書印刷
ISBN978-4-274-22771-4　Printed in Japan

好評関連書籍

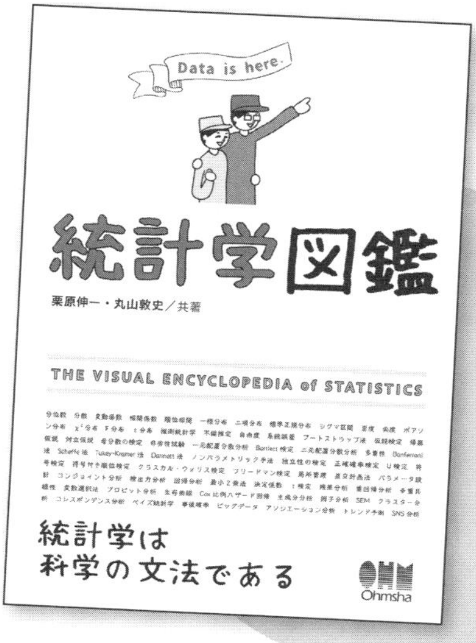

統計学図鑑

栗原伸一・丸山敦史［共著］

A5判／312ページ／定価（本体2500円【税別】）

「見ればわかる」統計学の実践書！

本書は、「会社や大学で統計分析を行う必要があるが、何をどうすれば良いのかさっぱりわからない」、「基本的な入門書は読んだが、実際に使おうとなると、どの手法を選べば良いのかわからない」という方のために、基礎から応用までまんべんなく解説した「図鑑」です。パラパラとめくって眺めるだけで、楽しく統計学の知識が身につきます。

数学図鑑

～やりなおしの高校数学～

永野 裕之［著］

A5判／256ページ／定価（本体2200円【税別】）

苦手だった数学の「楽しさ」に行きつける本！

「算数は得意だったけど、
　数学になってからわからなくなった」
「最初は何とかなっていたけれど、
　途中から数学が理解できなくなって、文系に進んだ」
このような話は、よく耳にします。本書は、そのような人達のために高校数学まで立ち返り、図鑑並みにイラスト・図解を用いることで数学に対する敷居を徹底的に下げ、飽きずに最後まで学習できるよう解説しています。

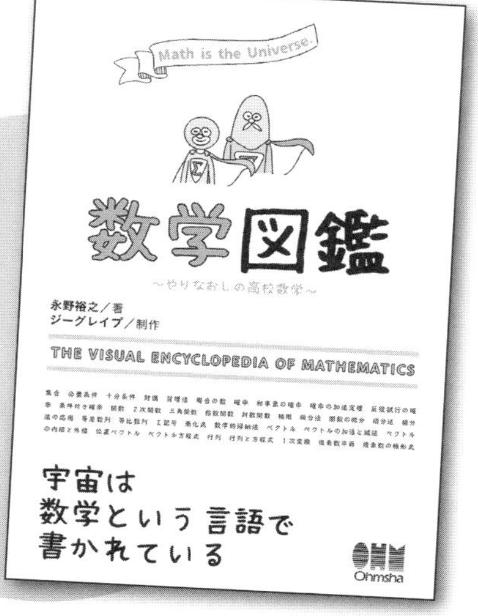

もっと詳しい情報をお届けできます．
◎書店に商品がない場合または直接ご注文の場合も
　右記宛にご連絡ください．

ホームページ　https://www.ohmsha.co.jp/
TEL／FAX　TEL.03-3233-0643　FAX.03-3233-3440

（定価は変更される場合があります）

F-1802-237